▲ 朱志華、杜云生老師、邵思樺

▲ 與杜云安、洪豪澤老師合影

洪豪澤 杜云生 杜云安

▲ 與王擎天博士餐敘

▲ 與實踐家教育集團董事長林偉賢老師合影

▲ 網路行銷大師威廉老師餐敘

▲ 廣播金鐘獎最佳綜藝節目主持人 秦偉

左一創富教育大陸區總經
理李秀賢、左二香港創
富夢工廠集團 CEO 杜云
安、右一杜老師首席弟子
朱芮萱參訪銓鉅福公司 ▶

▲ 與力克胡哲合影

▲ 非洲孤兒援助計畫親善大使海蒂貝克

▲ 第一社會福利基金會致贈感謝狀

▲ 富裕自由機構教育長路守治　　▲ 朱爸爸與朱媽媽開心合影

創世基金會致贈感謝狀▶

▲ 杜云生與洪豪澤老師銓鉅福內訓

▲ 朱志華董事長演講盛況

▲ 銓鉅福行政總監曾連城賢伉儷

▲ 銓鉅福行政總監孔金城

成交是設計出來的

出來的

有認同才有訂單，
給客戶一個
選擇你的理由！

業務培訓、行銷專業顧問
朱志華 / 著

HOW TO CLOSE
EVERY SALE

用銷售開啟致富的封印

　　我還記得第一次見到朱董是在風光明媚的三亞市。那是個位於海南島最南端，擁有蔚藍海岸與璀璨陽光的海濱旅遊勝地，猶如台灣的墾丁。不過當時我並不是去度假的，而是到那裡參與並主持一段課程，與許多已在業界擁有相當成就的管理者及專業人士一同學習進修，汲取新知。初次見面，朱董雖然低調，卻展現出一位企業領導者的恢弘氣度，其對國內外經濟局勢的精準分析與深入獨到的見解，更令我留下深刻的印象。

　　當前的經濟環境並不理想，朱董卻逆向操作創辦新事業「銓鉅福」，並且在短短幾年內使公司業績大幅成長，不斷開拓新據點，讓我既訝異又佩服。目前國內外景氣雖稍有復甦跡象，但以整體大環境來看，仍處於疲弱不振的狀態，不但市場消費力不如預期，房市還持續下探。無論從政府公布的官方資料或民間企業的預測來看，在短期內這樣的情形尚難有改善空間，因此大眾對於投資或創業的態度亦趨於保守，這樣的前提下，開設新興的事業體並非易事。除了大量資金的投入外，作為企業領導者需具備足夠的決心與毅力，更重要的是必須有過人的眼光和智慧作長遠而完善的擘畫，以便讓公司能穩定而持續的獲利，才能有機會在目前的經濟環境下殺出血路，逆勢成長。「銓鉅福」公司即具備了這些條件，朱董無畏於目前國內外經濟停滯，他看準市場趨勢，以優質的產品、精準的流程和其設計出的完備制度，逐步抓住了消費者的心，才能打造出獨一無二的行銷平台，成了近年兩岸企業的新典範。

　　難能可貴的是朱董成立「銓鉅福」的目標不僅是欲藉著健全的企業平

台將好的產品介紹給消費者,創造公司利潤,他更看重在獲利的同時,「共好」及「回饋」的理念能夠順利推展,以持續協助弱勢團體,並分享利潤給員工、企業夥伴,乃至於消費者,讓更多人可一同享有幸福的生活。也基於這樣的理想,朱董希望能將其十幾年來累積的行銷經驗分享給讀者,讓有志於行銷市場的新進業務員,或是在這個圈子內打滾多年卻成效有限而亟欲突破的同業,可在短時間內了解如何抓住客戶心態進而有效成交,成為讓客戶信賴的專業顧問,因此有了這本書的誕生。

在此書中,朱董不藏私地將多年來如何贏得客戶信任,讓客戶願意賞單的祕訣完整揭露,並傳授了許多如何抓住客戶脾胃的心法及技巧。不但可使讀者輕鬆而通盤地學習到成交方法,更能進一步地實際操作,應用在現實的銷售流程中。許多時候我們跨不過阻礙在原地打轉許久,並不是因為欠缺智慧,更非運氣不佳,只是剛好少了關鍵的臨門一腳。這本書便具備這樣的提點性質,許多觀點及竅門的建議與運用可讓初入行銷業的讀者少走許多冤枉路,一舉突破難關,使訂單源源不絕而來,繼而成為成熟優秀的銷售專家。

朱董的銷售策略不只可運用在工作上,還可擴及至我們的日常生活。如何讓他人建立對你的信任及依賴,願意聽你說話,進而贊同並進一步支持你的觀點或理念,皆需掌握住對方心態,給予適切的引導,方能有所成效。本書不僅是業務銷售員習得成交技巧的一帖良方,更是指引讀者獲取他人信賴的一盞明燈。切莫錯過此次機會,趕緊翻開本書,跟著朱董學習如何建立成功的成交策略,以創造出專屬自己的幸福人生吧!

王聲火　於台北上林苑

實用且有效的心法智慧

看完本書，恭喜您設計成功！

成功如何設計？正所謂，
人生不在藍圖，只怕沒有企圖，
成交不在合同，訂單取決認同！

以客為尊已不能滿足消費者在通路發達的世代，
唯一能打開購買門扉之鑰，
可能要與客合一，深諳客戶心跳節奏，
當成交變為唯一救贖時，
刷卡已儼然打卡般例行公事……

「箴言 3:14 - 因為得智慧勝過得銀子，其利益強如精金。」

再次恭喜各位讀者！
您翻開的非唯一本成交行銷學，而是所羅王的智慧！

廣播金鐘獎最佳綜藝節目主持人
法國魔法氏凍齡回春中心總經理
城邑整合行銷總經理
京世國際影視傳播總經理

成交很重要，但有些事比成交更重要

　　銓鉅福的朱志華董事長，一直是我很欽佩的商界前輩，不論是在工作上跟他合作，或是私下的交流，他都帶給我許多新的觀念與新的視野，當然，也帶給我更上一層樓的推進力。

　　最近欣聞朱大哥（私底下我都這麼稱呼他）即將出書，並且邀我寫推薦序，我想這對我而言是一個榮幸，也是一個我能回饋他的機會，當下義不容辭就答應了，並且細細的品味他的新書原稿。

　　一邊拜讀他的大作過程當中，內心一直響起很多共鳴的嗡嗡聲，難怪我跟朱大哥會合作得如此的順利而有默契，原來在「成交」這件事情上，我們有很多想法都是一致的。

　　在當今的社會，很多人因為追求利益，而貪快、流於浮誇，總感覺成交至上、成交凌駕於一切，事實上，我對這種觀念一直不以為然，或許短期看來，成交很重要，然而以長期的眼光來看，有些事情，比成交更重要。

　　那些事情是什麼呢？那些事情就是發自內心地尊敬你的顧客、喜愛你的顧客，聆聽他們的話語，堅持用誠實正直的態度，把真正對顧客有益的資訊或產品帶給他們，即便過程中無法帶來利益、甚至會損失利益。

　　然而，客戶都是有感覺的、有智慧的，他終究會分辨出誰是只想賺他的錢，而誰是真心的對他好，為他謀福利，而當顧客敞開心門去信任一

名業務、或是一家企業的時候，往後他的消費力也就會投注在這家企業，這才是長期來看最大的利益，因為這叫做——獲取顧客的終身價值。

　　我想，可能是因為職業軍人出身的關係，朱大哥在整本書裡面提供了極為細膩的成交架構、佈局、流程、提點，如果說商場如戰場，業務與商人就是戰士的話，那麼這本書就是每位戰士必備的「教戰守則」。

　　我相信，不論對於商場上的新兵或老將——
這本書，能幫助你避免掉不必要的錯誤，帶回原本應該成交的業績。
這本書，能夠幫助你成交不再是碰運氣，而是可規劃，可預期的一場勝戰。
這本書，能夠幫助你用正確的方式，去成交正確的人，帶給你豐盛的人生。

　　我衷心祝福這本書不只成為暢銷書，更能成為長銷書。

若水文創＆若水整合行銷 創辦人　威廉

前言 /

切中需求，量身打造！

　　業務員要想取得好業績，首先就要掌握客戶的心理。銷售取得成功的關鍵是獲取客戶的認同，只有摸清了客戶的真實想法，「贏得客戶的心」，才能在面對客戶時，無往不利，贏得訂單。

　　銷售的過程就相當於一場激烈的戰爭，多少人為了業績使出渾身解數，與客戶鬥智鬥勇，結局不是你敗就是我亡。每個業務員每天按照自己的方式，試圖以自己的三寸不爛之舌去說服客戶。的確，銷售也是說服的過程，但是，有一副好口才，你就能取得勝利了嗎？說服是需要技巧的，業務員掌握客戶的心理和需求後，要善於引導客戶，只有掌握說服術才能輕鬆搞定客戶。

　　現在社會中存在很多良莠不齊的產品、甚至黑心貨、假貨，因此人人都害怕被騙，也被騙怕了。如果業務員在介紹產品時，說得天花亂墜，有的甚至誇大產品的功能，等客戶買回到家實際使用後，才知道自己被業務員「忽悠」了。有的人可能會自認倒楣，可是被騙一次，騙兩次，漸漸地，客戶也就學聰明了，存在很強的戒備心，因為害怕被騙，所以不會輕易相信前來推銷的業務員。客戶有這種心理是很正常的，如果你不能掌握客戶的心理，只是單純地介紹產品，很難輕易打動客戶的「芳心」。這就需要業務員準確把握客戶的心理，然後對症下藥，透過舉例子或自己的親

和力漸漸消除客戶的疑慮和戒備。只有摸清了客戶的心理，才能讓客戶接受，才能成功地銷售產品。

　　然而在深入認識客戶前，業務員是無法猜測客戶的興趣、嗜好或有什麼樣的需求，在這時候就貿然介紹產品，反而會讓有對方有了防備，也無心聽你的介紹。因此，認真傾聽，並且引導客戶多說一些他自己的事情，是重要的第一步。以輕鬆、非正式的聊天，來了解客戶的消費傾向、特殊愛好，理解客戶的想法。在短時間內找出自家產品或服務能吸引客戶的重點，分析利弊得失找出最適合客戶的模式，在聊天過程中慢慢的切入，挑起客戶的興趣，讓客戶感受到你的專業與努力，並且展現出替他量身打造、設身處地而想的誠意，進而得到客戶的信任而成交。

　　銷售過程就像兩個人下一盤棋，每一步都是環環相扣、步步緊逼的，如果其中一步走錯，可能就會面臨著全盤皆輸的結局。本書從找對銷售目標、自我推銷、產品介紹、說服客戶、分析和把握客戶心理、解決客戶異議、找對時機促成交易這七個方面分別介紹了業務員怎樣去做的具體方法，有助於業務員給客戶留下良好的印象而不是反感；有助於業務員在介紹產品時能掌握客戶的心理，而不是滔滔不絕地介紹卻無法打動和吸引客戶；有助於業務員解決客戶的異議而不是跟客戶爭辯，從而成功地銷售產品。在銷售這局棋中，業務員要摸透客戶的心理和想法，同時還要善於引導客戶，設計每一句話術、每一個步驟，讓客戶在不知不覺中走入我們的「思維地圖」，走到「成交」的終點站。

　　誰能搶先成交，誰就是真正的贏家。每位頂尖的銷售高手都擁有一套千錘百鍊的成交法則，因此，身為一個業務員除了要向他們學習寶貴的

經驗法則與應對話術外，也要學會「在成功之前先把尊嚴收起來」的心法，在銷售任何產品之前，要先把自己推銷出去，建立自信心，並有效運用個人特質魅力及人脈，聰明行銷，才是真正的決勝關鍵。在銷售的過程中，業務員不僅要承受業績的壓力，偶爾還要面臨客戶無端的刁難，有時候明明心裡很難過卻還要強裝笑臉去面對位客戶，有的業務員甚至充滿了迷惑，為什麼客戶明明剛開始對我的產品挺感興趣的，最後卻選擇了別家的產品呢？銷售過程包含了業務員的形象魅力，對客戶心理的掌控和把握，對產品和服務的了解和表達，對成交時機的發掘和掌握以及銷售語言的靈活運用等，業務員只有掌握了這些銷售力的技巧，才能熟練地開展銷售工作。對於還不知道怎麼識別客戶的成交訊號，還在為與客戶如何溝通而發愁的業務員，請趕快翻開本書吧，它能幫助您在短時間內掌握和瞭解客戶的心理以及說服客戶成交的方法。

CONTENTS 目錄

PART 1 找對目標客戶，讓客戶形成一張網

PART 2

推銷之前開對場，
把自己推銷給客戶

PART 3

用賣點獲取客戶的認同，
讓產品被客戶所需

CONTENTS

PART 4

巧妙說服術，讓客戶沒理由拒絕

PART

5

銷售的關鍵是獲得客戶認同，
讓客戶完全依賴

OK

PART

6

高效談判，
讓客戶異議不攻自破

OK

PART 7 獲取客戶的認同要講究效率，找對時機促成交

Part

1

找對**目標客戶**，
讓客戶形成一張網

How to Close
Every Sale

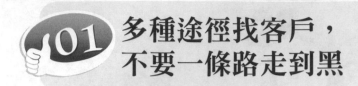

多種途徑找客戶，
不要一條路走到黑

成交法則

Get The Point !

　　業務員可以好好利用網路，透過專業的網站快捷搜索企業，也可以向客戶發送廣告，宣傳自己的產品，甚至可以透過身邊認識的朋友來累積更多的客戶。掌握更多的途徑和方法，尋找客戶變得「so easy（很簡單）」哦！

業務員最重要的工作就是找客戶。由於科技資訊不斷飛速發展，透過網路你可以掌握到很多新鮮的第一手資料，也可以透過網路來尋找客戶，正所謂「條條大道通羅馬」，通往成功的道路絕不只一條，當你在一條路上摸爬滾打、奮勇向前時，殊不知別人早已運用多種辦法已經到達了成功的彼岸。

　　那麼，尋找客戶都有哪些途徑呢？

1. 小小網路大作用

　　網路就像一個擁有各種資訊的資料庫，你可以查詢到各種客戶資訊，也可以透過網路搜索，來獲取我們需要的資訊，有了網路，找客戶就沒有我們想像中難。

　　那要如何透過網路來尋找客戶呢？

🖒 建立一個公司網站或個人部落格，在網上有自己的固定主頁將會大大增加自己或產品的曝光機會，還能把產品的介紹得更詳細，還能分享使用心得。

🖒 透過企業名錄搜索工具，輸入行業、名稱等關鍵字來進行快捷搜索。

🖒 也可以透過專業的網站來尋找客戶，如各商業公會官網等。這樣可以找到很多客戶名單。

2. 利用廣告找客戶

　　當你正興致勃勃地看電視節目，卻被突然播放的廣告打斷時，通常讓人覺得掃興，而你看得到廣告背後所蘊藏的商業契機了嗎？因為廣告傳播資訊速度飛快、覆蓋的層面廣，拜科技所賜，還有網路廣告、APP 廣告可以選擇。所以向客戶群發送廣告可以幫我們快速累積到豐富的客戶資源。

🖒 流覽就業求才廣告，在一些報紙上都會登有大量的商業資訊，會詳細介紹公司的情況，如公司的性質、業務範圍、聯繫方式等，透過瀏覽求才廣告可以篩選出我們想要的客戶。

🖒 可以在網路、或電視上播放廣告，透過向客戶發送廣告的形式來達到宣傳的目的，這樣會大大提高產品的知名度。

🖒 可以開展吸引客戶的活動，如降價、促銷、集點換購或加購等，在一定的區域內展開活動，會在短時間內吸引到大批客戶。

3. 讓更多的人成為你的朋友

俗話說:「朋友多了路好走」,當你有困難時,他們會幫助你,如果你所銷售的產品正是他們需要的,為什麼不和他們聯繫呢?

- 👍 向你的朋友或親戚推薦優質產品,因為他們信任你也願意幫助你,此時,多半不會遭到拒絕,他們會成為你最好的客戶。
- 👍 和客戶做朋友,認真服務好你現在的客戶,和他們成為朋友,再讓他們介紹朋友給你。然後,你要得到這些新客戶的信任和認可,自然而然你的客戶就會越來越多。
- 👍 和同行中優秀的人做朋友,你可以跟同行的人多交流交流,學習他人的長處,彌補自己的不足之處。一些老鳥業務十分有經驗,你可以從他們身上學習到、交流更多的經驗和技巧。
- 👍 和陌生人做朋友,做銷售最重要的就是人際關係資源,養成多交朋友的習慣,也許他的朋友也正需要你的產品呢。

4. 好習慣會幫助你走向成功

客戶是日積月累出來的,而好的方法要靠你每天堅持不懈地去完成,就像滴水穿石,只有你一直這樣認真平穩地做下去,那麼才能離成功越來越近。

- 👍 在上班的路上或者外出途中,當你看到一些單位名稱以及聯繫方式時都是客戶資訊,你要把它們記錄在一個專門的本子上。

👍 在企業提供的名單中尋找，許多企業會給你提供一些人員名單，好好利用這些資源，你可以發現一些線索！

👍 多參加一些專業的俱樂部和會所，如高爾夫俱樂部，這些地方可以給我們提供最優質的客戶名錄。

👍 參加會議或者各種展會，利用會議與參與者建立良好的聯繫，從而獲取你需要的客戶資訊。

 **風險評估和綜合分析**
幫你過濾非目標客戶

Get The Point !

　　透過風險評估，業務員可以提前預測到客戶可能擔心的風險，如價格、品質、品牌等。要運用綜合分析法，分析客戶的需求，瞭解其是否有經濟能力購買產品，對我們的產品是否感興趣等資訊，以排除非目標客戶，以確保能把精力和時間運用到目標客戶，爭取高業績。

每一次你介紹產品的時候，所有人都會買你的產品嗎？答案是顯而易見的，而那些不會買的人就是非目標客戶。如果你不能排除掉非目標客戶，肯定會浪費你寶貴的時間，業績自然出不了，怎樣才能不做無用功呢？就讓風險評估和綜合分析法來幫助你吧。

1. 不要讓客戶感覺在冒險

　　有句話說得好：「股市有風險，入市須謹慎」，對於客戶來說，在購買產品時也會存在一定的風險，這件商品以後會不會過時？品質能得到保障嗎？買了會不會不實用？客戶會關心的問題太多了，如果讓客戶感覺到購買你的產品是一件冒險的事情，那麼，他根本不會掏錢買，自然也不會成為你的客戶。

👍 當客戶擔心售後問題時，你可以拿出專門的合約，把條款講解清楚，對
服務的具體內容一定要詳細說明，而且不能急躁、不耐煩。

👍 當客戶擔心品質風險時，你要用豐富的產品知識和相關的資料來說明，
讓客戶放心，也可以透過舉例子的方式，用真實的事件或經驗分享讓他
相信。

👍 當客戶擔心價格時，你要把產品的價值體現出來，讓客戶感覺到眼前產
品物有所值。

👍 當客戶擔心品牌風險時，首先你要明白，你就是公司的形象代表，你的
打扮穿著可以體現公司的形象。此外，你可以用公司的成功案例來說服
客戶。

2. 要及時發現風險

你的產品不管是老人還是小孩都能使用嗎？不同的產品要根據不同
的消費族群進行銷售，凡事都有利弊兩個方面，那麼你就要考慮到哪些人
不適合使用，在使用過程中會有怎樣的風險等。這時就需要最了解產品的
你來進行正確的風險評估。

👍 你一定要清楚地知道，你的產品不適於哪些人，以過濾非目標客戶。

👍 做好風險發生的預防和準備工作，風險一旦出現，要及時地應對。

👍 記錄你的風險評估，看看有什麼需要修改的，讓風險評估更加完善。

3. 劃分好界限

　　如果讓你向一位化妝師推銷一把理髮專用的剪刀，他會購買嗎？首先你要明白，你的目標客戶和非目標客戶之間有什麼不同，應該怎樣區分。所以，你要先分析客戶的經濟狀況、需求特徵、行業特徵、客戶的狀態等，排除了非目標客戶，你才能精準找對方向、成交更多單。

👍 透過網站、客戶所在的行業，與客戶之間的直接溝通，分析客戶的背景資訊。

👍 瞭解客戶的消費需求，以此來判斷我們的產品能不能滿足他們的需求，我們的產品能否讓他們感興趣。

👍 瞭解在這筆生意中的關鍵人是誰，分析誰有決定權。

👍 瞭解客戶的經濟收入，分析他們是否有足夠的經濟能力來購買你的產品。

👍 調查客戶的滿意度，保持老客戶與我們之間的良好關係。

4. 善用手裡的資料

　　精準的資料能準確地反映出我們想知道的問題，資料能幫我們分析出哪些是非目標客戶，根據市場行情的變化和客戶的需求做出正確的政策。

👍 對客戶的成本和收益進行分析，判斷哪些客戶是為企業帶來利潤的。

👍 分析不同地區、不同時間，客戶購買產品的數量、類型等。

👍 透過資料分析客戶的流失率，找出流失的原因，進一步想辦法改善。

 ## 突破重圍，
想辦法拜訪最重要的決策者

成交法則

Get The Point！

　　拜訪決策者時要先弄清楚對方公司的決策流程，然後儘量從最高層開始。在拜訪前，你還要先查看一些公司的宣傳手冊、官網等相關資料，禮貌地向秘書或者助理尋求幫助，找到專門負責這個項目的負責人。

如果你費盡心力成功地說服了一個沒有決策權限的人同意來購買你的產品，等輪到真正的決策者評估你的產品時，很可能就退回你的產品，或者取消訂單。這時，你所做的一切都會前功盡棄，不僅浪費了時間，耗費了精力，甚至還可能增加你的銷售成本。那麼想辦法找到最重要的決策者就是你取得成交至關重要的第一步。這個重要的決策者在哪裡呢？他有可能像象棋中的元帥，想要找到他，首先你要突破前面千軍萬馬般的阻撓。

　　那麼，怎樣才能突破重圍，拜訪到那個最重要的決策者呢？

1. 理清關係網，順藤摸瓜

　　一家公司有許多部門，它們可能是在同一個層面上的，也有可能是垂直自上而下的，甚至關係交互錯雜。所以，業務員首先要弄清楚該公司的決策流程，而想要儘快找到決策者，最簡單、快捷的辦法就是直截了當地

問:「李主任，這件事是您自己就能決定呢，還是會有其他人參與決策？」
你也可以參考以下幾點注意事項。

👍 在這個世界上，有各式各樣的行業，但在同一行業中決策流程是相同的
或者是相似的，你可以請教有類似經驗的銷售代表，可能對你有一些幫
助，或者參考你在其他公司的經驗。

👍 你可以流覽他們公司的產品型錄、網站，也可以透過客戶的頭銜，了解
他在 一家公司中的地位。

👍 要盡可能從高層開始，而不是從縱向層面上的底層開始，如果對方指示
你去下一層找專人洽談，你的產品已經得到了初步的認可，這時你就要
努力地展開銷售工作了。

2. 把握細節，找到「貴人」

「談生意」的核心任務就是要找到重要的決策人，因為無論整個的
銷售過程可能涉及多少人，但最後拍板起關鍵作用的也就那麼一兩個人。
在尋找決策人的過程中，我們無可避免地會接觸一些其他人，若好好善用
的話，可以幫助我們找到關鍵決策人，從而成為我們的「貴人」。

👍 謙和地向秘書或者行政助理請求幫助，他們可以為我們提供一些內部資
訊，然後篩選這些資訊，找到最有價值的資訊，尤其是關於決策者的。

👍 認識和關注「影響者」，因為企業裡的決策者大多是高層管理人員，他
們大多推崇，在做出決策之前，一般會聽取大家的意見或建議，這些人

便成了影響者。當決策人對合作猶豫不決的時候，這些人的意見、想法
可能會幫助到我們，成為我們的「貴人」。

👍 在從「影響者」那裡獲取資訊時，業務員要問明決策人的姓名、職務，
最好要一張名片。在制度嚴明的大企業，高層管理者對決策者還是有一
定影響的，如果有機會獲得高層管理者的支援和認同，那麼銷售工作就
能夠較順利地進行下去。

3. 負責人是決策人嗎？

　　企業的負責人就一定是關鍵的決策人嗎？其實不然，有時候我們所
銷售的產品涉及的費用較大，要是簽約回款就會涉及財務問題，這時財務
人員的權力可能是最大的；有些情況是企業負責人可能會把權力下放給下
面的部門經理，只有牢牢抓住這個經理，我們的產品才有可能銷售出去。
不同的企業，關鍵的決策人是不同的。在尋找決策人時，我們可以先從秘
書那裡打聽一下，然後再有禮貌地提出我們的要求，這對我們找到決策人
的幫助比較大。

04 只有成功約見客戶，才有介紹產品的機會

Get The Point !

在約見客戶時，要把握好時機，要根據客戶的時間來預約，恰當地介紹自己產品的價值，讓客戶對你的產品感興趣，同時自己一定做好相關的準備工作，瞭解客戶的需求，在與客戶溝通時，要自信、有禮貌，讓客戶願意去聽你說話，這樣你才有機會介紹自己的產品。

約見是整個銷售過程中重要的一個環節，如果這個環節出現問題，就有可能導致整個推銷活動的失敗。見面洽談有利於業務員與客戶之間拉近距離，增加彼此的瞭解，成功約見了客戶，我們才能繼續介紹產品。

那麼，怎樣才能成功地約見客戶呢？

1. 等待最好的時機

如果你突然登門造訪，沒有考慮到對方是否方便接待你，就急不可待地上門介紹自己的產品，那麼十有八九你會遭到對方的拒絕。如果你在對方老闆正在召開會議的時候去拜訪，可想而知對方是不會接見你的，因為你去的時機不對。

那麼，什麼時候才是拜訪客戶的最佳時機呢？

👍 不要在星期一和星期五去拜訪客戶，因為在星期一很多老總要開內部會議，時間都是滿的，而星期五大多數人都想早點下班，所以這兩天不太適合約客戶見面。

👍 如果你這次去的時機不對，應該隔一段時間，等待下次適宜的時候再去。

👍 根據客戶的時間來安排，先詢問好客戶什麼時候有時間，給客戶一點時間去思考。

👍 不要在晚上八點以後打電話約客戶，這個時候是有些人不希望被打擾的私人時間。

👍 不要在一大早約見客戶，可以選擇在中午或者下午，效果最好。

2. 讓客戶感覺「有利可圖」

　　如果你的產品不是什麼專利產品，隨時隨地都能買到，那麼又要靠什麼吸引客戶呢？現在推銷的人太多，客戶選擇的空間也很大，你得向對方傳達準確的利益資訊，讓客戶感覺到有利可圖。也就是說讓客戶對你的產品產生興趣，客戶對你的產品有興趣了，才有可能繼續聽你接下來的產品介紹。

👍 做好準備工作，對自己的產品一定要很瞭解，包括功能、品質、材質、成分、價格、性能等。

👍 對市場上跟你相同的產品也要瞭解，要做到知己知彼，才能百戰百勝，要清楚自己的產品在市場上處於什麼位置，有哪些優勢、劣勢等。

👍 對公司的相關政策要相當熟悉，適當的時候可以用優惠方案吸引客戶。了解客戶的需求，對客戶的基本情況要熟知，包括客戶的興趣愛好、年齡、習慣、工作、家庭地位、性格、收入情況等。

👍 簡單說明商品的特色，儘量顯露商品有價值的一面，激起客戶的興趣或好奇心。

3. 言談舉止很重要

當你打電話約見客戶時，客戶對你是否反感，是否相信你，是否把你當成忽悠人的「高級騙子」，是你首先要考慮的問題。也許你剛說完自我介紹就被對方掛斷電話，再想聯繫肯定會變得更加困難。所以，對於業務員來說，首先要讓客戶信任你，願意聽你說下去，你才有機會。那該怎樣做呢？

👍 注意自己的語音語調，女性說話儘量甜美溫柔，男性儘量平和、有磁性、有活力，讓對方喜歡聽你說話。美好的嗓音能抵消客戶對你的反感，因為對方對你印象的好壞有一部分是透過聲音來判斷的。

👍 儘量多微笑，即使客戶不在你面前。尤其是在電話銷售時，不要以為對方看不到你就無關緊要了，因為在你微笑的時候，你的聲音會傳遞出愉悅的感覺，變得有親和力，對方是能感覺到的。

👍 講禮貌，說一些客套或者問候的話語。講禮貌是業務員必備的素質，千萬不能給對方留下沒禮貌的印象。

👍 適當的讚美，沒有人不喜歡聽到讚美，讚美的時候要自然，不要刻意去讚美，否則會導致反效果。

👍 注意言辭的嚴謹性，讓客戶對你產生信任感。業務員在介紹產品、介紹

自己、介紹服務時，一定要實事求是地說，千萬不可過分誇大，不能敷
衍唬弄客戶。

👍 學會察言觀色，在與客戶交談中，要根據對方的語氣、語音等去揣摩對
方的心思，留意每個小細節，然後做出適當的反應。

4. 用誠意打動客戶

「誠交天下客，誠感四方人」在約見客戶時，必須做到以誠為本。
有些高層主管會將接待來訪人員的任務交給部下，此時，你一定要尊重接
待人員，只有取得接待人員的支持或好感，你才能順利地約見到主要客
戶。所以，一定要讓客戶感受到你的誠意，誠意到了，他又怎麼忍心拒絕
你呢？

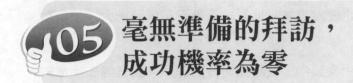

**05 毫無準備的拜訪，
成功機率為零**

成交法則

Get The Point !

拜訪前，不僅要準備樣品、合約文本、報價單等這些資料，還要全方位地計畫和預見拜訪中可能出現的問題，做好心態、行動、時間和銷售工具上的準備，務必做到萬無一失。

「萬事開頭難」，拜訪客戶是業務員與客戶實際接觸的第一道關卡，特別是已確定目標客戶之後的第一次拜訪，是與客戶建立良好關係的開始，又是搭建和擴展人際關係的良機。在拜訪客戶前，務必要做好萬全的準備，計畫好如何高效地獲取客戶認同，否則成功的機會可以說是零。

那麼，在拜訪客戶前，應該做哪些事前準備呢？

1. 瞭解客戶，就要面面俱到

知己知彼，才能百戰百勝。在拜訪客戶前一定要對客戶進行全面詳細的瞭解，不僅要瞭解客戶的喜好、興趣以便投其所好外，還要對客戶進行綜合考察。這時可以透過網路查詢，也可以透過熟悉該客戶的家人、親友以及其他社會關係等管道瞭解。

具體來講，我們需要瞭解客戶以下各方面的資訊。

👍 客戶的信用。瞭解客戶的信用和口碑，如果客戶的信用等級較低，全部
收回貨款的機會較小，這樣反而會給公司帶來嚴重的損失，不如不合
作。

👍 瞭解客戶方意見決策者的資訊。對方意見決策者的背景、性格、職位，
職權範圍和喜好都要有一定的瞭解。

👍 客戶需求強度和利益分析。數量大、需求多的客戶是你必須重點關注
的，但也有些客戶雖然在一段時期之內並沒有與我方有金額較大的交易
往來，但是他們卻有著很強烈的產品需求，而你也要意識到這些是潛在
大客戶。

👍 客戶規模和經營狀況。要關注客戶公司的規模、業績，查看它的財務報
表，瞭解該客戶出售的產品品質和售後服務水準，瞭解客戶的管理者，
瞭解客戶現在是否面臨經濟糾紛、社會評價等資訊，還要重點關注客戶
的付款能力。

2. 不預約，怎能見到客戶？

拜訪前的預約工作比較瑣碎，但非常重要，如果做得不周全，就會
直接影響你與客戶的關係，甚至有可能因此喪失寶貴的成交機會。

👍 確認約見時間和到見面地點所需的時間，確定行車路線和見面地點的地
理位置。查好行程路線、車次，計畫好行車路線和所需時間，儘量給自
己較寬裕的時間，避免因路不熟而在換乘、找路、問路上耽擱時間而遲
到。

👍 儘量使用電話預約，確認時間和地點，不宜發電子郵件，以求得到準確

而迅速的答覆，同時可以顯示你的誠意。或是電話預約完再以電子郵件
確認，就更萬無一失。

👍 在拜訪前一天要再打電話確認。

3. 一定要事先演練拜訪情景

在拜訪前，最好做個簡單的排練，特別是如果對方是個重量級大客
戶，就更有必要提前模擬一兩次。可以先請教經驗豐富的資深業務，請他
扮演客戶角色，並讓其提出難以解決的問題，分析拜訪時可能發生的狀
況。這種演練最好在拜訪前兩三天來做，而不要在前一天或是要出發前才
做，以便有足夠的時間思考、分析方法和調整對策。

4. 調整心態──不緊張、不興奮

積極自信的心態和不怕挫折的勇氣有助於消除業務員過度緊張的心
情，這種自信也會給對方形成一種無形的威儡，使自己在與客戶面談時思
路順暢、表達流利、舉止恰到好處，給客戶一個足以信賴的印象。如果在
與客戶進行交流的過程中，客戶表現得相當積極，業務員也不可表現得過
於興奮，因為這樣反而會給客戶留下不好的印象，還可能引起客戶對產品
的憂慮和不確定。在約見客戶之前，你需要做好應對客戶反對意見的種種
準備，調整心態，輕鬆應對。

除了要做好迎接困難和挫折的心理準備，建立起堅定的自信心，不
要患得患失，同時還要有一顆平常心，做到理智、熱情而沉穩，這樣和客
戶的溝通自然能越來越順暢。

5. 用銷售工具刺激購買欲望

優秀的業務員不只會靠產品說話，還十分善於利用各種工具。如果能

有效利用銷售工具，將會引起客戶的好奇心，從而引發他們的購買欲望，
與你成交。這時應該準備以下有效的銷售工具。

👍 能發揮良好宣傳作用的名片。名片的設計應簡潔、有特色，以方便客戶
　閱讀和收藏，並對你有印象。

👍 整齊而內容豐富的公事包。公事包必須乾淨整齊、內容豐富、井然有
　序，以便在需要某些資料時能迅速找到。

👍 訊號良好的通訊工具。保持手機的暢通無阻，以便隨時與客戶保持聯
　繫。

👍 在準備銷售工具時，銷售工具的選擇要圍繞銷售主題展開，不要一味地
　追求奇特，而顧此失彼。

06 做業務，被拒絕是很正常的

Get The Point !

　　做業務會被客戶拒絕是很正常的。那麼，是什麼導致你吃閉門羹、被拒絕了呢？是客戶對你的產品不感興趣？還是因為價格貴而不需要？事實上，有時會遭到客戶的拒絕往往是因為銷售技巧不成熟、或是客戶個人因素，所以沒有必要因為客戶的拒絕而灰心喪氣，要保持樂觀的心態，並相信自己能在失敗中一次次成長。

很多時候，客戶的拒絕只是一種習慣。銷售代表訓練之父耶魯馬・雷達曼說：「銷售就是從被拒絕開始的！」世界壽險首席業務員齊藤竹之助也說：「銷售實際上就是初次遭到客戶拒絕後的忍耐與堅持。」傑克・里布斯曾說：「任何理論在被世人認同之前，都必須做好心理準備，那就是一定會被拒絕二十次，如果您想成功就必須努力去尋找第二十一個會認同你的識貨者。」

　　當你向客戶推銷產品時，較有修養的客戶會告訴你目前不需要，有的人會說沒有這筆預算，還有人會說工作比較忙，更有甚者是對你理都不理，方式雖然千差萬別，但都是遭到了客戶的拒絕。那麼你是否想過，你失敗的原因到底是什麼呢？ 而你又該如何去做，是堅持不懈從頭再來？還是萎靡不振失去了信心？

堅持三分鐘，成敗或許就在轉瞬之間。遭到客戶的拒絕，我們就要轉身離去嗎？如果這樣就大錯特錯了。堅持下去，可能就會守得雲開見月明。不過，如果像狗皮膏藥一樣黏住客戶，他一定會更反感離你遠遠的，所以，三分鐘的堅持就恰到好處了。告訴你的客戶：「請您給我三分鐘的時間，如果三分鐘以後您還是沒有興趣，我馬上離開。」通常，客戶都不會拒絕這樣的請求。

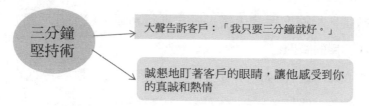

三分鐘堅持術 → 大聲告訴客戶：「我只要三分鐘就好。」

→ 誠懇地盯著客戶的眼睛，讓他感受到你的真誠和熱情

要想成長為一個優秀的銷售員，就要在面對客戶的拒絕時表現出從容不迫的氣度和胸懷，不能因為客戶的拒絕而喪失了繼續戰鬥的勇氣。那麼，面對拒絕，我們應該採取什麼方法，才能再次找到機會呢？

通常在一次次地被客戶拒絕後，免不了會開始懷疑自己的能力，看到身邊的同事業績斐然，常常覺得自己跟別人的差距很大，好像永遠也比不上同事，慢慢地，這種懷疑的心理就變成了自卑。而自卑會讓你的業績越來越差，業績越差自卑心理越嚴重，如此一來，惡性循環就形成了。所以，作為一名業務員，即便你學歷不高、沒有經驗、沒有人脈，但是只要你有自信、有一個清晰的意識，能夠時刻意識到自信的重要性，勇於面對客戶、敢於接受拒絕，你就能戰勝一切挫折。

1. 從失敗中找原因

所謂「失敗是成功之母」，遭遇客戶的拒絕時，請想一想失敗的原因，是產品的原因？推銷的時間？客戶的心情？還是自己銷售的方式？或者說是你自信不足，在即將說動客戶時患得患失？

👍 若是你害怕客戶的拒絕，不僅說明你缺乏自信，同時還說明你對自家產品沒有自信。你自己都對產品沒有信心，那誰還敢買你的產品呢？所以，你一定要有充足的自信心。

👍 瞭解客戶的需求，找到你的產品能夠給客戶帶來的價值點，用品質去吸引客戶。

👍 思維要敏捷，根據客戶的表情、動作進行判斷，找到客戶關心的問題，重點解決客戶的問題。

👍 養成良好的習慣，例如，不要對客戶以貌取人、對客戶進行主觀判斷等，要多微笑，保持良好的言行舉止，禮貌待人。

👍 分析你與客戶是否有合作空間，是你拜訪的時間不適宜，還是他心情不好呢？分析是否有必要再跟進這個客戶。

2. 遭到拒絕怎麼辦？

當你在跟客戶溝通時遭到了拒絕，是選擇和他據理力爭？還是退一步，順從客戶的思路呢？

如果你做出了讓步，客戶可能還會步步緊逼，那麼你又該如何步步為營呢？

👍 首先你要冷靜下來，認真分析客戶的想法和考量點，站在客戶的角度上思考問題，然後找出相應的解決辦法。

👍 傾聽客戶說話，如果客戶情緒比較激動，要適當安撫，然後讓客戶發洩一下心中的怒氣。

👍 注意客戶的言語和神態，不要偏離主題，找準時機回到銷售的正題上。

👍 不要一味地滿足客戶的需求而讓自己變得沒有原則，讓客戶和公司的利益達到雙贏，不要做出無謂的讓步。

👍 哪怕客戶毫無道理地拒絕你，你都不要直接去否定客戶，跟客戶爭吵，這樣更容易引起對方的反感。你可以讚美客戶，可以先肯定客戶的想法然後再就其中的某部分提出異議，這樣容易讓對方接受。

3. 把拒絕當成理所當然的事

耶魯馬·雷達曼曾說過：「銷售就是從被拒絕開始的！」業務員在銷售過程中遭到拒絕是司空見慣的事，甚至可以說是理所當然的，那麼你就沒必要因此而覺得委屈、不甘心、氣憤難平。你只要保持良好的心態，做到寵辱不驚，不要太在乎客戶用什麼方式拒絕了你，把焦點擺在要從失敗中吸取教訓，明白失敗的原因，向有經驗的人學習跟客戶溝通的技巧和方法。只有這樣，失敗才會讓你變得越來越強大，當再也沒有人能拒絕你的時候，你就成功了。

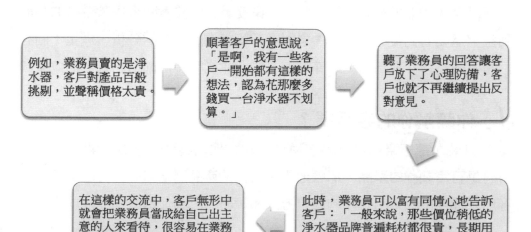

例如，業務員賣的是淨水器，客戶對產品百般挑剔，並聲稱價格太貴。

順著客戶的意思說：「是啊，我有一些客戶一開始都有這樣的想法，認為花那麼多錢買一台淨水器不划算。」

聽了業務員的回答讓客戶放下了心理防備，客戶也就不再繼續提出反對意見。

此時，業務員可以富有同情心地告訴客戶：「一般來說，那些價位稍低的淨水器品牌普遍耗材都很貴，長期用下來反而沒省到。」………等

在這樣的交流中，客戶無形中就會把業務員當成給自己出主意的人來看待，很容易在業務員的暗示下做出購買決定。

07 客戶管理得好，業績會更高

Get The Point !

我們不能盲目地到處去談生意，而要學會合理地管理客戶。要管理好自己的客戶，首先要瞭解自己的客戶，知道客戶的需求，找到客戶關心的問題，然後與客戶保持良好的關係，讓客戶信任我們，做好服務工作，定期回訪客戶，提高客戶對我們的忠誠度。

找到目標客戶時，就要對這些客戶進行有效的管理。思考要如何讓他們購買，怎樣讓他們再回購，以及怎樣讓他們為我們介紹更多的客戶，這是我們要思考的問題。此外，業務員不僅要看到客戶所帶來的眼前利益，還要看到長遠利益。透過對客戶資料進行詳細的分析，滿足不同客戶的不同需求，提高客戶的滿意度，如此才能讓客戶創造出更多的效益。

1. 你瞭解你的客戶嗎？

如果你都不瞭解自己的客戶，不知道他們喜歡什麼或不喜歡什麼，目前是否需要你的產品，那麼他們會買你的產品嗎？只有充分瞭解了你的客戶，你才能制定出更好的銷售方案和策略，說動他的心，促成成交。

- 收集客戶資料，並建立客戶檔案。客戶檔案包括客戶年齡、學歷和經歷、家庭背景、性格愛好等，做到定期更新。

- 建立客戶回饋表並定期回訪客戶，瞭解客戶的現狀，知道客戶對我們公司產品的需求和問題，瞭解相關的產品市場。

- 瞭解同業之間產品的銷售情況，並將其和自己的產品進行比較，知道自己的不足之處。

- 瞭解客戶的目標和計畫，然後設計出適合他們計畫的銷售方案。

2. 與客戶保持良好的關係

　　客戶就是上帝，與客戶保持良好的關係，可以使客戶更加信任我們，而企業每一個時期的銷售都會有新客戶和老客戶，業務員不僅要吸引更多的新客戶，還要維持住老客戶與我們的關係，這樣企業才能得到持續的發展。你可以這樣做：

- 用真誠取得客戶的信任，即使客戶購買了你的產品，但是如果沒有一定的信任，那你們的合作只會是短期的，只有取得客戶的信任，那麼他就不只是買你的產品，下次還可能介紹朋友給你。

- 根據客戶的經濟能力，為他規劃合理的產品。做到為客戶著想，不僅能節約客戶的金錢，還增加了客戶對自己的好感。客戶買到適合的產品，而你的業績也成長了。

- 不要輕易地許下承諾，而是盡可能地去做。社會是不斷變化的，誰也不知道下一刻會發生什麼，如果你輕易許下承諾，卻不能做到，你就要失

信於客戶了，對方還會跟你合作嗎？

👍 熱心幫客戶解決問題。當客戶有問題時，不要怕麻煩，要熱心幫助，這樣會增加你與客戶的合作，即使他現在沒有買你的產品，但是也已經先為將來的合作鋪好了道路。

👍 給客戶提供獨特的待遇，包括客戶在其他地方不能有的特殊待遇，因為特別的資訊和待遇，會讓客戶對你刮目相看。

👍 避免無謂的討論。剛與客戶接觸時，要避免討論關於產品價格的問題，以免影響你與客戶的關係。

3. 重視客戶經驗

一旦與客戶建立了良好的關係，也成功銷售產品給對方，但是時間長了，會慢慢地發現，客戶的需求已經發生了改變，他的關注點可能從品質轉移到產品的性能上了。如果不能預測到客戶經驗的影響，將會面臨巨大的風險。

隨著客戶對產品越來越熟悉，他們購買的決策可能會越來越集中，可能集中在價格，或者性能上，而不是像之前那樣接受所有產品的捆綁銷售。

沒有經驗的客戶往往被業務員提供的便利以及技術所吸引，特別依賴業務員的引導，這樣，具有客戶資源管理和豐富銷售經驗的業務員就能吸引到更多的客戶。所以，要建立客戶回饋表並定期回訪客戶，做好定期的客戶與企業溝通的活動，然後再根據客戶經驗，做出相應的策略調整。

4. 要服務好我們的「上帝」

在銷售過程中，客戶享受到我們細緻的服務，才會樂意來買我們的產品，但是當他們付款之後，發現我們的態度馬上從雲端跌落到地下後，

無疑會產生巨大的反差感，也許以後再也不會購買我們的產品了。

所以，業務員不光要在售前讓客戶體會到我們優質的服務，在售後也要服務好客戶。

👍 對購買產品的客戶應在一週內電話聯繫，問一下客戶產品使用的情況，有沒有需要幫助的，這樣會讓客戶感覺到被關懷的溫暖。

👍 仔細研究客戶回饋的市場調查報告，建立客戶售後服務制度、客服專線，在那些批評的意見中找到自身的問題，知道客戶為什麼不滿意，並加以改善。

👍 加強售後管理，要認真解決客戶的問題，不能置之不理。

08 搞定大客戶，
業績、利潤不再愁

成交法則

Get The Point !

要搞定大客戶，業務員就要做好準備工作，首先要瞭解他們的興趣、愛好以及需求等，更要充分瞭解自己的產品，讓自己具備專業性，制定適合大客戶的產品和服務；其次是要讓大客戶明白合作所帶來的利益和價值，讓他們知道合作的必要性。只要你用心地對待大客戶，他們還忍心拒絕你嗎？

家公司 80% 的銷售量是由 20% 的經銷商來完成的，而這 20% 的經銷商就是公司的大客戶。對於企業來說，大客戶是穩定銷售額和利潤的來源，因此，如何維護和拓展大客戶就顯得尤為重要了，只要搞定了大客戶，業績和利潤就不用發愁了。

1. 準備工作要做好

很多業務員在拜訪客戶的時候，顯得很盲目、沒有章法，一旦發現目標客戶，馬上就拿起電話聯繫或帶上資料登門拜訪，結果大多遭到了客戶的拒絕，浪費了寶貴的客戶資源。而大客戶就像一塊難啃的骨頭，如果你只是匆忙地就要上去啃，那麼肯定吃不到骨頭裡的肉，一定要先耐心地做好準備工作，才能逐步攻下。

- 在拜訪前盡可能多多去瞭解大客戶的各種資訊，包括他們的產業範圍、市場區隔、相關高層的興趣、愛好等，尤其是關於他們的需求資訊。

- 設想對方可能會問的問題、關注點、讓步的底線等，做好情景演練。

- 注意自己的穿著打扮，別人對你的第一印象是透過你的穿著打扮和外在氣質決定的。

- 要充分瞭解自己的產品，對產品具備一定的專業性，因為大客戶與一般客戶不同，他們的專業性要求會很高。

- 搜集競爭對手的資料，包括他們的實力，強項是什麼，弱項是什麼，他們能為大客戶提供什麼價值等，當我們把競爭對手的相關資料和自身資料擺在一起進行對比分析時，搞定大客戶的戰術就有了。

2. 比客戶更瞭解客戶

所謂知己知彼，方能百戰百勝，如果我們不瞭解自己的客戶，不知道他們目前使用產品的情況，不知道客戶的決策流程，甚至不知道客戶的潛在需求，試問，他們會跟我們合作嗎？認真分析客戶會面臨的實際問題，做到比客戶更瞭解客戶，這樣才能進一步開展合作。

- 進行市場細分，可以將有特色的單個用戶作為一個細分的市場，再進行不同行業、不同層次的市場定位、開發、包裝、影響等。明確出大客戶具體的需求。

- 建立完整的大客戶檔案，瞭解大客戶使用產品的具體情況等。

- 為客戶制定出有針對性的且適合他們的產品、服務以及問題解決方案。

- 分析客戶的採購流程,根據專案進程側重與不同的人建立良好的關係。
- 分析客戶組織架構,明確各個部門的職能,找到能影響專案決策的關鍵人物。
- 重視決策者身邊的人,從他們身上瞭解到各種資訊,善加利用這些人,他們或許能成為你這次業務的引路者。

3. 用價值打動客戶

業務員小張在向客戶銷售自己的產品時,從客戶口中得知客戶也有一家企業,主要是經營手機。然後小張真誠地告訴客戶:「現在智慧手機在中國越來越暢銷,客戶對手機的運作速度特別關注,您可以經銷高版本的智慧手機,這樣能為您創造更大的價值。「客戶看到小張能為自己考慮,甚至還為自己提供有價值的行業資訊,大為感動,於是購買了小張的產品。

我們在向客戶銷售產品的時候,不能只是向客戶展示產品,這樣打動不了客戶,商人一般「唯利是圖」,如果你能為客戶創造價值,還能給他帶去「利益」,求的是雙贏,才能引起客戶的興趣,想長期合作的唯一方式就是不斷地為大客戶創造價值,業務員可以與大客戶共用一些對他有價值的行業動態資訊、銷售建議等,也可以透過具體案例來打動客戶。

4. 用心搞定大客戶

在銷售的時候,要將心比心,多站在客戶的角度上思考問題。人都是感情動物,你如果用心付出了、用心思考了、真誠地為客戶服務了,客戶一定能感受得到。

- 要保持積極樂觀的心態，充滿激情與活力，笑臉相迎，讓樂觀的心態去感染你身邊的人。

- 要堅持不放棄，當你前兩次拜訪客戶都不成功時，再堅持一下可能就會出現轉折。

- 讓客戶感覺到不一樣的禮遇和服務，迅速替客戶解決問題，讓客戶感覺到你的關心。

- 讓你的客戶知道訂單目前的進度以及最新的計畫等，要讓他知道你在做什麼。

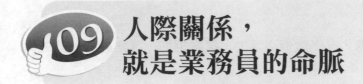

09 人際關係，就是業務員的命脈

成交法則

Get The Point !

做業務一定要掌握好人際關係資源，首先，要多結交朋友，尤其要和自己的客戶先成為朋友。在跟客戶交往時，你要多為對方考慮問題，多幫助對方。其次，業務員要培養和客戶共同的興趣愛好，讓客戶喜歡你、信任你。但是，也不要忽視你身邊的家人和朋友，他們也是你重要的人際關係資源。總之，讓自己變得優秀，變得更有價值，客戶才願意認識你，人際關係處理好了，才能做出業績。

銷售離不開人際關係，我們要怎麼做才能累積更多的人際關係資源呢？

1. 讓自己變得更優秀

有些人認為：多結識一些人，多參加社交活動，多請客、喝酒、送禮，這樣做就有了人際關係資源，其實絕不是這樣的。與其你每天筋疲力盡地想辦法結交更多的人，還不如讓自己變得更優秀，讓自己變得更有價值，讓客戶主動想認識你，這是經營人脈資源的第一步。

2. 與每個客戶成為朋友

對業務員來說，客戶就是最大的命脈。如果業務員在與客戶的人際關係上出現了障礙，自己的業績將會受到很大的影響。因此我們要掌握結交朋友的藝術，誠心地與每位客戶做朋友，拓展自己的客戶資源圈。

每個人的個性和愛好都有所不同，那麼，我們應該如何與客戶交朋友呢？

👍 多對客戶進行瞭解，搜集客戶的基本資訊，知道客戶的興趣愛好。

👍 注意自己的形象，保持服裝得體、心態樂觀、充滿幹勁。

👍 多微笑，適當地讚美客戶，而且讚美要發自肺腑。

👍 對自己個人要充滿自信，對自己的產品也要有自信，自信可以贏得對方的好感。

👍 在跟客戶來往時，要站在客戶的角度上思考，為對方的利益考慮，對他們提出合適的建議。

👍 發展共同的興趣愛好，如果你不知道對方的愛好，可以選擇多傾聽，從中瞭解客戶的興趣。

3. 客戶比眼前的銷售更重要

很多業務員總是把精力放在什麼時候成交上，結果往往事與願違，或者是希望客戶趕緊購買產品，卻忽視了客戶的感受。業務員不能只重視眼前的利益，要把客戶放在最重要的位置上，培養客戶比眼前的銷售更加重要。只真正找到客戶關心的話題，才有機會贏得客戶對你的認同與喜愛。

👍 找到客戶感興趣的話題,可以從談論天氣、家庭、工作等開始,然後縮小範圍,最後鎖定在對方感興趣的話題上。

👍 記得要讓客戶多講話,自己則要多傾聽、少打岔,讓他暢所欲言,讓他感覺跟你聊天很投機和你很「麻吉」。

4. 在你身邊尋找客戶

你的同學、朋友、家人,他們也是你重要的客戶,聰明的人不會捨近求遠,拓展人際關係資源從身邊做起,因為他們瞭解你、信任你,所以不會拒絕你,要用心地與他們處理好關係,深入瞭解他們的需求。

👍 多參加同學及家庭聚會,在聚會上,在他人的言語中獲取對自己有用的資訊。

👍 主動向身邊的人提供幫助,不管大事小事,只要用心去做,就能有所收穫。

👍 報答身邊的人對你的幫助,可以透過送一些小禮物,逢年過節打電話問候等方式表達自己的謝意。

 **10 每一位客戶身後，都有 250 名潛在客戶**

成交法則

Get The Point !

不要輕易忽視身邊任何一個人，要認真對待每一個人，儘量多微笑，為客戶解決難題，與他們保持良好的關係，還要站在客戶的角度換位思考，理解客戶的想法，做好服務，樹立自己的品牌，贏得客戶讚美的口碑。之所以要這麼做，是因為在他們身後有一個龐大的消費群體，客戶滿意了，就能帶來更多的客戶。

每一位客戶可能會間接地為你帶來大約 250 名客戶，如果您贏得了一位客戶的好感，就意味著贏得了 250 個人的好感；反之，如果你得罪了一名客戶，也就意味著得罪了 250 名客戶。這就是美國著名推銷員喬‧吉拉德在商戰中總結的 「250 效應」。每個客戶的背後都有無數的潛在消費者，所以我們必須認真對待身邊的每個客戶，讓客戶滿意了，他才會給我們帶來更多的客戶。

怎樣善待自己的客戶呢？

1. 解客戶所難，想客戶所想

客戶有困難了，你若置之不理或袖手旁觀，當客戶因為不滿而離去時，你失去的可不只僅僅這一個客戶了，所以說當客戶有難題了，我們要

幫他解決困難，讓他對我們滿意，相信他下次一定還會再來。要好好地對待自己的客戶，就要站在客戶的角度上看問題，瞭解他們的需求。

- 瞭解客戶的需求，嘗試站在對方的角度去思考問題，理解客戶的想法。
- 當客戶面臨一些問題和困難時，要努力地給予幫助，不能冷漠旁觀或以抗拒的態度對待。
- 買賣雙方出現矛盾時，嘗試用客戶的觀點看待問題，同時兼顧公司的利益，藉此尋找最佳的解決辦法。
- 當你不能滿足客戶的要求時，要向客戶致歉，並儘快給出其他方案。
- 經常舉辦一些促銷活動，如買一送一、打折促銷等，讓更多的客戶再度光臨。

2. 不要輕視任何人

　　有些業務員介紹產品時若發覺到客戶對自己的介紹不太關心，就單純地認為客戶不需要，或者以貌取人，還沒進行深入瞭解就認為他沒有購買的經濟能力，導致「買興缺缺」，長此以往，到最後你會丟失很多客戶。所以，不要輕視任何人，最不起眼的客戶也許就是你最大的收入來源，在面對任何一個客戶時，我們都應該表現出你對他的重視與尊敬。

- 認真對待每一位客戶，跟他們友好相處。就算他們現在沒有購買，如果你跟他們的關係保持密切與友好，一旦他們身邊有需要你產品的客戶，他很可能就會轉而介紹給你。

👍 為客戶解決難題，有的時候，客戶可能缺少資金、決定權、需求等，那
麼我們就主動、貼心地幫他們排除掉這些障礙或提供一些建議。

👍 給客戶的承諾必須完成，客戶不會想聽你未能兌現的理由，不要找藉
口，如果做不到就要先承認自己的過失，盡力將事情做好。

3. 保持良好的服務

　　當你走進一家餐廳，服務員穿戴整齊微笑著對你說：「歡迎光臨」，
並細心周到地問你有沒有忌口的食物；而當你走進另外一家餐廳後，在你
等得飢腸轆轆，菜卻遲遲未上，喊了半天加湯卻沒人理你，兩相比較，下
一次你會想去哪家餐廳呢？服務是很重要的，服務會讓一個企業樹立起良
好的形象，增加企業的知名度，甚至會吸引更多的客戶，而服務好每一個
人，實質上是對所有客戶的尊重和負責。

👍 確定客戶是對的，不要怕受到損失、麻煩、委屈等，要相信客戶。

👍 真誠地對待每個人，當客戶不配合時，用真誠感動他，而不是冷言相
向。

👍 多微笑，做到微笑服務，微笑能拉近人與人之間的距離，消除對你的警
戒心。

👍 重視客戶的回饋資訊，透過客戶的回饋有助於你找到自己的不足之處，
服務有進步，業績才能更上一層樓。當客戶感覺到你的重視時，才會成
為你的忠實顧客。

 投資客戶，用客戶做長線生意

Get The Point !

　　要懂得對客戶進行投資。例如，在銷售的時候可以告訴客戶，介紹新的客戶來並且最後能夠成交，可以給他一定的利益，如金錢、禮品等。並與客戶多多保持聯繫，定期與客戶見面交流活動，例如一起吃飯、喝咖啡、看展覽、釣魚等，從客戶那裡得到行業資訊和新的客戶資源。當客戶遇上問題和困難時，要真誠地提供服務，或者給客戶介紹客戶，用客戶做長線生意，這樣才會獲得更長久的利益。

如何擁有更多的客戶呢？每一個業務員都希望擁有源源不斷的客戶，因此就需要對客戶進行投資，用客戶放長線「釣到」更多的新客戶。讓客戶心甘情願為我們介紹更多的客戶。

1. 投資客戶獲得回報

　　喬‧吉拉德是銷售汽車的，他的業績非常驚人，讓人敬佩之餘不禁會想他到底有什麼秘訣才能爭取到那麼多的客戶？喬‧吉拉德告訴客戶，如果介紹別人來買車，成交之後介紹人能得到二十五美元的酬勞。一九七六年，喬‧吉拉德透過這個方法獲得了一百五十筆生意，約占交易額的三分之一。喬‧吉拉德投資客戶付出了一千四百美元，卻藉由發展新客戶換回

了七千五百美元。當你給客戶「好處」的時候，客戶會幫你介紹新的客戶。

👍 在銷售的時候，你可以告訴客戶，如果能介紹新的客戶來並且能夠成
　　交，可以給他一定的利益，如金錢、贈品等。透過投資一個客戶，將可
　　獲得豐厚的回報。

👍 業務員也可以找一些固定的人群，讓他們介紹客戶來並且告知成交有提
　　成，例如現在的仲介。

2. 用客戶做長線生意

　　小王和小李畢業後來到同一家公司工作。小王工作很勤奮，經常加
班給客戶打電話推銷生意，而小李則經常約見客戶一起去打球、喝咖啡
等，還定期跟老客戶聊聊天。半年過去了，小李比小王的銷售業績高出一
倍多，並且榮升為主管。小王很是不解地去請教小李，小李告訴他：「要
多和客戶保持聯繫，時間長了，他自然而然地會將自己的朋友介紹給你，
當你有新產品的時候，他也會優先找你購買。」只要你學會對客戶進行投
資，在管理客戶上投入時間和精力，用客戶做長線生意，這樣才會擁有更
多的客戶。

👍 印製精美的名片，遇見客戶時把名片發給客戶。

👍 多與客戶保持聯繫多利用 APP 通訊工具 Line 等，定期與客戶見面交流
　　活動，例如，一起吃飯、喝咖啡、看展覽、打球等。

👍 從客戶那裡得到行業資訊和新的客戶資源。

👍 公司有新產品時，要先告知客戶。

👍 在條件允許的情況下給客戶送一些小禮物。

👍 在節日時，給予客戶真誠的祝福和問候。

3. 為客戶想就是為自己好

客戶是穩定營業額和利潤的來源，這就要求業務員重點投資大客戶，在挖掘潛在市場機會時要耗費大量的精力。因此要有選擇性地針對重點客戶，和大客戶共同策劃並把握住潛在的機會，並以此來提高客戶的競爭力，這樣不僅讓客戶享有了利益，自身也收益良多。

👍 給客戶介紹客戶，你的客戶也許在另一個領域從事銷售工作，當你為客戶介紹新的客戶時，客戶肯定也會幫你介紹客戶。

👍 當客戶遇上問題和困難時，要主動提供幫助。

👍 在客戶需要時，提供一些有用的專業資訊和建議，對其進行專業指導。

為客戶解決工作上的事情	•「這個問題或許我能為您解決。與我們公司長期合作的有一家稅務公司，我可介紹他們為您提供帳務諮詢。」

為客戶解決生活中的事情	•「原來您在為這事擔心啊！別著急，您請放心出差吧，那天我可以陪同您母親去醫院看病。」

12 敏銳地對待客戶和市場，你會發現更多機會

Get The Point !

對待客戶和市場要有一定的敏感度及關注力，因此你要先搜集大量的資訊，做好相關的準備工作，透過身邊的電視、雜誌、網路、書籍等獲取大量的相關資訊。同時，掌握競爭對手和市場的動態變化，主動學習，提高自身的敏感度。

現在是市場經濟時代，由於許多人缺乏靈敏的市場嗅覺，不能把握住隨時隨地都在變化的市場動態，而錯失了很多良機。機遇總是一閃即逝的，業務員如果不能敏感地對待客戶和市場，很多機會就會白白流失，讓你頻頻錯失大訂單。

怎樣敏感地對待客戶和市場，發現更多的機會呢？

1. 及時關注行業資訊

在銷售中，為了賺取更多的利潤，就要儘快地把商品銷售出去，拖延的時間越長，商品就會長時間積壓在手中。精打細算的商人都是把爭取時間作為商業競爭中取勝的秘訣，周轉越快利潤就越高。所以在銷售競爭中，經營者要及時關注行業資訊，把握客觀形勢以及可能出現的突發狀況等，當機立斷，迅速抓住商機。

👍 要到商場或者商業發達的地區去尋找、感受、接觸新資訊。

👍 要瞭解自身的不足之處，去發現別人的長處，可以去大飯店、銀行等管理比較制度、規模的地方去學習。

👍 透過電視、雜誌、網路、書籍等獲取大量的行業和市場訊息。

👍 多和同事、上下級、供應商等不同的人溝通交流，獲取有益的資訊，然後展開工作。

👍 掌握競爭對手和市場的動態變化，關注周邊行業的發展和政策，將眼光看得更遠一些。

👍 在處理資訊時，要儘量讓它資料化，對資訊要進行綜合分析。

👍 珍惜每一個學習的機會，多學一些管理和市場行銷方面的知識。

👍 與客戶進行深入的交流，瞭解客戶的需求變化，瞭解客戶對服務的要求。

2. 及時關注競爭對手的變化

　　客戶在選擇產品時，經常會將你的產品和其他商家的產品做比較，透過對價格、品質、服務等方面的差異來挑選產品。如果你對競爭對手的情況和變化一無所知，那麼又該如何展現自身產品的優勢呢？所以，不僅要關注市場和客戶的需求，還要關注競爭對手的變化。多瞭解一些行情，才不會在激烈的市場競爭中被淘汰。

👍 要瞭解競爭對手最新的方針和政策，然後調整自己的銷售話術。

👍 要搜集資料和資料，瞭解競爭對手的產品，例如：有沒有最新的產品上

市，對手的產品上市之後是否暢銷，產品的市場銷售情況等，都要及時關注。

👍 在網上搜索競爭對手的資訊，瀏覽他們公司的官網，隨時關注最新資訊。

👍 瞭解競爭對手的產品有哪些特色和性能，客戶的關注度如何。

3. 敏銳地關注客戶的需求

從一開始的 BB Call，到後來手機漸漸取代了 BB Call，而智慧手機一問世，又得到了人們的普遍關注和使用。如今的市場千變萬化，產品不斷地推陳出新，客戶的需求也隨著市場和產品不斷變化。所以，業務員要結合客戶的需求和產品的更新制定銷售政策，隨需而變，因人而設，這樣才能更好地發展，讓我們的產品滿足客戶的需求，受到客戶的歡迎和喜歡。

👍 你可以對客戶進行採訪和訪問，透過聊天的方式瞭解客戶的關注點和需求，例如瞭解客戶是關注價格還是品質等。

👍 透過提問的方式瞭解客戶的需求，如詢問客戶：「先生，還有沒有其他我能為您做的？」

👍 可以透過市場調查和問卷的形式，關注客戶最新的需求。

推銷之前**開對場**，
把自己推銷給客戶

How to **Close**
Every **Sale**

 **對自己做最高認同，建立打不垮的自信**

Get The Point !

在銷售產品之前一定要先做好相關的準備工作，準備好產品說明、樣品、與客戶的談話話題等。要充分瞭解自己的產品，掌握專業技能，對產品充滿信心，同時還要十分認同自己，建立積極樂觀的心態，相信自己是最棒的。當有不良的心理時，要及時排除，建立打不垮的自信。

凡是剛剛從事銷售行業的新人都會遇到這種情況：拜訪客戶時到門前猶豫再三不敢進門，好不容易鼓起勇氣進了門，卻緊張得不知說什麼，剛剛開口介紹產品，就被客戶三言兩語打發出來。有的業務員還不敢給客戶打電話，就是打了電話，不是說話太快，就是吞吞吐吐，一旦被客戶拒絕就幾天不敢再打電話，甚至有些人因此開始質疑自己是否適合這個行業等。這些都是不夠自信的表現。

世界上最偉大的業務員喬‧吉拉德是一個大器晚成的超級業務。年輕時的喬‧吉拉德工作並不如意，他雖然換過四十多份工作，卻一事無成。後來，他開始重新審視自己，鼓起勇氣迎接挑戰：他去了一家大型汽車經銷商，希望得到一份工作。

經理起初並不願意接受他，他對喬‧吉拉德並沒有信心，所以問的第一句話是：「你曾經銷售過汽車嗎？」「沒有。」喬‧吉拉德如實回

答。「你憑什麼認為你能勝任這份工作？」「雖然我沒有賣過汽車，但我賣過其他的東西：報紙、房屋、食品，實際上，我覺得人們真正買的是我，我一直在銷售我自己。」

「你從來沒有銷售過汽車，所以沒有這方面的經驗，而我們需要的是一個有經驗的銷售業務員。況且，現在正是汽車銷售的淡季，假如我雇用你，你賣不出汽車，卻要領一份薪水，公司是不會同意的。」

「哈雷先生，假如您不雇用我，您將犯下一生中最大的錯誤。我只要一張桌子和一部電話，兩個月內我將打破你們這裡最佳銷售業務員的紀錄，我們就這麼約定。」

喬・吉拉德就這樣開始了人生的又一次挑戰。後來，他以每天銷售六輛汽車的記錄超過最佳汽車銷售業務每週賣出五輛汽車的平均紀錄。喬・吉拉德實現了諾言，邁出了人生關鍵的一步。

很多業務員在看過這則故事後，都會宛然一笑。故事固然會給他們增加一絲鼓勵，但是，更多的業務員卻想：他是喬・吉拉德，而世界上也只有一個喬・吉拉德。其實，他們忽略了一個事實，那就是——喬・吉拉德在成為汽車銷售員之前，也像普通銷售員一樣，曾經賣過很多產品，換過多份工作。想想喬・吉拉德的狀況是不是比現在的你還要糟糕？但可貴的是，即便如此，喬・吉拉德還是沒有自暴自棄，他重新審視自己後，開始自信地去迎接新的挑戰，正是這份自信和勇氣給他帶來了更多的成交機會。

因此，一名合格的業務首先要具備充分的自信。只有讓自己先充滿信心，才能消除面對客戶時的恐懼，才能給自己一個清晰的思路，才能把自己所掌握的產品知識通過語言流暢地介紹給客戶。可以說，自信是你戰勝一切挫折的根基。

要想取得成功，不僅在於產品的魅力，更重要的是業務員的魅力。

業務員的魅力主要來自自信。堅定的自信心是業務員邁向成功的第一步，你必須對自己有足夠的認同，對自己的產品、公司，都要有足夠的自信，這樣才能成功。那麼如何建立打不垮的自信呢？

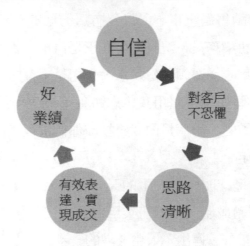

1. 對行業有信心

「僅有獨特的技術，生產出獨特的產品，事業是不可能成功的，更重要的是產品的銷售。」這是 1986 年索尼的創始人盛田昭夫在其著作《日本・索尼・AKM》一書中寫的一段話。作為業務員，我們要理解、肯定、熱愛自己的職業，不要因為別人的偏見而產生自卑心理。

在我們的生活周遭，有不少業務員是羞於將自己的職業告訴他人，他們看不起銷售這一職業，當然也看不起自己。因此，他們的內心會感到壓抑苦悶，工作的積極性就隨之降低。正如盛田昭夫所說的一樣，銷售對任何一個企業來說都猶如命脈，而業務員正是這條命脈的締造者。

2. 對公司有信心

「業務員代表著公司」這句話經常在各大場合被使用，它直接點明了業務員所扮演的角色，其特質就像一名外交官代表國家從事外交活動一

樣，不但頻繁與客戶接觸，更代表了公司的一種形象。正因如此，你一定要對自己所在的公司有信心，相信你所選擇的是一家優秀的公司，是一家有前途的公司，是時刻為客戶、使用者提供最好產品與服務的公司。只有這樣，你在向客戶介紹公司和產品時才會有積極的心態，才會把好的資訊帶給客戶，讓客戶對你和你的公司有信心。

3. 準備充分了才會有自信

在考試的時候，如果你早早就做好了複習，對考試的內容早已滾瓜爛熟，那麼你肯定是自信的。相反地，如果你都不知道將要考些什麼，那麼心裡肯定是慌成一團。

在現實生活中，任何產品都不可能做到十全十美。雖然如此，有很多業務員在面對自己所銷售產品的缺點時，還是會抱怨不斷，從而導致在向客戶介紹產品時不夠自信滿滿，這是銷售中的大忌。當今時代，產品高度同質化，同類產品在功能方面沒有顯著的區別。只要我們的產品符合國際和業界標準，能滿足客戶的需求，那它就是優秀的產品。所以把成功的希望寄託給無可挑剔的產品是不切實際的，因為這樣的產品是不存在的。

在向客戶介紹產品時，如果你做好了準備工作，成竹在胸，肯定能增添你的自信，為成功多增加一些籌碼。

👍 在銷售之前對產品、價格，銷售管道做明確的定位，瞭解當地市場。

👍 準備好產品說明等資料、樣品，與客戶的談話話題等。

👍 瞭解競爭對手，知道對方的銷售方法，並將其與自己比較，瞭解雙方的優劣勢。

👍 瞭解客戶需求，分析客戶的類型，知道客戶的關注點與在意點。

👍 瞭解自己產品的賣點及相對於其他產品的差異化優勢。

4. 對自己做最高的認同

　　自信是成功的首要條件。只有對自己充滿自信，才能在客戶面前表現得胸有成竹、侃侃而談。你的自信會征服你的客戶，客戶信任你才會選擇你的產品。有一位銷售專家曾說：「頂尖的業務員之所以會成功，是因為他們對自己的事業懷抱著高度的自信，這也使得他們周圍的人也相信他們所推薦的產品。」

　　而培養自信心首先要做的事，就是全面而深入地瞭解自己的各個方面，仔細分析自己的長處和短處，對自己做出客觀的評價。

👍 走路的時候不要展露出萎靡不振的樣子，要挺胸抬頭，展現活力，步伐堅定而有力。

👍 習慣穿一些顏色較鮮亮的衣服，保持乾淨整潔，衣服鮮亮得體給人自信滿滿的感覺。

👍 多用積極性的暗示，而不是去想負面的事情，否則心裡會變得緊張、沮喪等。

👍 在自己的情緒低谷時期，不要給自己太多的壓力和負擔，好的心情才能激發人對工作的熱情。

👍 在鏡子上或者自己經常看到的地方寫上激勵自己的語言，或者每天對著鏡子說：「我是最棒的，我一定行。」多進行自我暗示和自我激勵，建立樂觀的心態。

👍 有主見，敢於堅持原則，絕不輕言放棄。

5. 自信心來自熟練的技能和能力

　　一個剛學會開車的新手在車流量大的地方開車一定是緊張萬分，而經常開車的司機卻神情自若。自信心來自熟練的技能和能力。在銷售過程中，如果你掌握了專業技能，即使是面對刁難的客戶也一定能自信面對。所以，關鍵是要充分瞭解自己的產品，掌握專業的產品知識。

👍 瞭解產品的基本特性，包括價格、材料、功能等。此外，還要瞭解產品的相關周邊知識。

👍 瞭解同行的產品，並清楚地知道其與自己的產品對比時優劣勢是什麼。

👍 掌握產品的基本使用技能，如功能調節、簡單的拆卸等。

👍 在銷售的過程中，要少用絕對詞，如：最好、獨一無二、絕對沒問題等詞語。

　　那些成績不佳的業務員或是新入職的菜鳥，其共同的特點就是缺乏自信。越是沒有自信，業績就越差，如此惡性循環，其最終將一事無成。所以，要成為優秀的業務員，你就必須鼓起勇氣，記住，客戶絕不會向沒有自信的業務員購買任何東西，只要你轉換立場想一下，你就會明白。這樣的業務員會令人討厭，也會讓客戶覺得與其溝通是在浪費自己寶貴的時間。

　　當然自信心也不是一天兩天就能培養起來的。要想在客戶面前有良好的表現，就必須在日常的工作和生活當中去累積實力。我們可以將每天的工作計畫分解到每個事項、每個時段，完成一件事，就是一項成就；完成每天的計畫，就是一天的成就。只有每天都感覺到自己的小小成就，才會相信自己可以勝任這份工作。

14 微笑是捕獲客戶芳心的萬能良藥

成交法則

Get The Point !

在面對客戶時，要給客戶最真誠的笑容，當你第一眼看到客戶時，就要展現你的笑容，哪怕客戶拒絕你，也要保持笑容。我們可以加強微笑訓練，每天多對著鏡子微笑，讓自己的微笑更加迷人。此外，在自己心情不好、情緒不高時，要學會調整心態，不要忘了微笑。要記住，微笑是捕獲客戶芳心的萬能良藥。

威廉‧懷拉退役後想去應徵業務員，因為他沒有迷人的笑臉而慘遭淘汰。他沒有洩氣，每天在家練習微笑達幾百次，他還搜集了很多明星人物迷人的笑臉照片，貼在牆上觀摩學習。經過長時間的練習，終於練出了迷人的笑臉，成為壽險行業的銷售冠軍。微笑是人與人之間最好的交流方式；微笑是贏得客戶芳心的萬能良藥；微笑是傳遞友好的訊號，可以消除對方的敵意和戒心；微笑是業務員成功的關鍵。那麼，怎樣才能充分利用微笑呢？

1. 向客戶真誠地微笑

小虎小時候去醫院打針，當他看到嚴肅的老醫生拿著長長的針管時，就嚇得哇哇大哭，但如果是年輕漂亮的姐姐，一邊微笑一邊哄他，很

神奇地他竟然沒有哭出來，反而乖乖地撅起了小屁股。微笑彷彿有一種神奇的魔力，能安撫他慌亂的內心。請記住，真誠的微笑能令客戶感到溫暖和親切，能拉近你與客戶之間的距離。所以，在跟客戶溝通時，把微笑掛在臉上是很重要的。

👍 當客戶對你有異議時，不要跟客戶爭辯，向客戶展現你的笑容、你的自信。

👍 當你第一眼看到客戶時，就要展現你的笑容，哪怕客戶拒絕你、給你臉色看，你也要保持微笑。

👍 微笑要真誠，強扭的瓜不甜，你勉強的微笑也不美。

2. 加強微笑訓練

空姐優雅的身姿、迷人的微笑是空中靚麗的風景線。在成為空姐之前，她們都是經過嚴格訓練的，包括站姿、微笑等。笑的時候只露出八顆牙才是最美的，她們每天都要對著鏡子進行大量的微笑練習。在對業務員而言，微笑也是最基本的職業要求，也要加強微笑訓練，讓自己的微笑更加迷人。

👍 每天對著鏡子微笑，讓微笑看起來更加自然，眼睛也要「微笑」。

👍 在微笑的時候應該與身體動作、肢體語言等相協調，讓人看起來自然和諧。

👍 可以多欣賞一些明星人物微笑的圖片，要學習觀摩，讓自己的微笑也優

美迷人。

3. 學會調整心態

　　當你難過、心情不好時，要做到保持微笑就有點困難了。這時候，你需要調整自己的心態，不要以為客戶看不到，一時「偷點懶」沒關係。尤其是在進行電話銷售時，客戶還是可以透過你說話的語氣、態度而感受到你消極的情緒，稍不注意，就很有可能失去這個客戶。

👍 準備一面鏡子，在跟客戶溝通之前要拿出鏡子，看看鏡子裡的你是否準備好了對客戶微笑。

👍 不要把生活中的煩惱帶到工作中去，學會分解和淡化心中的煩惱。在心情煩悶的時候，上網可以看看笑話，或者做一些自己喜歡的事，忘記煩惱。

👍 在情緒不好的時候，可以聽音樂緩解一下或者品茶、做運動等，把煩惱儘快排解出去。

👍 把客戶當做自己的朋友，人在面對朋友時較容易展現真誠的微笑。

15 每次都留給客戶良好的第一印象

Get The Point !

在拜訪客戶前，要注重個人形象，服裝要乾淨整潔，符合自己的職業，開場白一定要精彩，要抓住客戶的需求點，用客戶感興趣的話題吸引他們。同時，也要留心自己的言談舉止，說話語速不要太快，吐字要清楚，在和客戶交談時要保持適當的距離，不宜太遠或太近，儘可能和客戶面對面。此外，還要多微笑，記住客戶的姓名、職稱、背景等，展現你對他的重視，給客戶留下良好的第一印象。

調查研究表明，人們在初次見面時的表現給對方留下的印象最為深刻，這就是第一印象。第一印象決定了客戶對你的看法，你的銷售結果也會因此直接受到影響。第一印象往往就是最終印象，所以，業務員一定要特別重視自己給人的第一印象。那麼，怎樣才能成功地向客戶展現良好的第一印象呢？

1. 讓客戶感覺到你的重視

當你在跟客戶溝通時，當然想圍繞客戶需求展開一連串的對談，可是客戶卻總是處於嚴密防守的狀態。所以，你必須足夠重視和關注你的客戶，只有客戶感受到你發自內心的重視，才能真正對你的產品或服務感興

趣。

👍 使用尊稱,根據客戶的性別、年齡、職業等進行準確的定位,可以讓客戶感受到你對他的尊重。

👍 清楚地知道客戶的職務,完整地說出對方的職稱和單位名稱。

👍 牢牢記住對方的姓名,瞭解客戶有沒有特別的愛好。

👍 在拜訪中隨手記下客戶的需求、答應客戶要辦的事情等,讓客戶感覺到自己備受重視。

👍 當客戶說話時,要聚精會神地認真傾聽,並主動詢問客戶的意見。

2. 言談舉止要注意分寸

在談生意時,如果你說話幽默風趣,舉止大方得體,那麼肯定會給人的感覺非常好,甚至讓人有如沐春風的感覺。如果溝通過程中不注意自己的用語或態度,很可能會在無意中傷害到客戶,而把握準確得體的語言可以獲得客戶的信任,將有利於你取得成交訂單。

👍 不要因為對方地位低就表現出輕視之意,而對方地位高就巴結奉承。

👍 不要以貌取人,不要用主觀意識判斷任何一個客戶。

👍 坐姿要端正,不能翹二郎腿或不時扭動身體。

👍 說話語速不要太快,吐字要清楚,不要口出惡言或俗語。

👍 不要任意批評、說大話、撒謊等,要真誠,說話要適可而止。

👍 不要出現東張西望、抓耳撓腮、吐舌頭、不停地看錶等行為。

👍 在與客戶握手時，力度要適中，堅實有力的握手會使人產生強烈的互動意願。

👍 與客戶見面前不要吃有異味的東西。不宜使用味道特別濃烈的香水。

👍 在和客戶交談時要保持適當的距離，不能太遠或太近，盡量和客戶面對面地交談。

👍 不要貿然打斷客戶的話，也不宜與客戶爭辯，要學會傾聽。

👍 不要使用含糊不清的詞語，如大概、可能、或許等讓自己展現專業、值得信任的一面。

👍 不要吹噓自己的產品，隨便向客戶許下承諾，要實事求是。

👍 語言要親切自然，談話的表情也要自然。

3. 展現良好的個人形象

　　對業務員而言個人形象是十分重要的，只有先把自己成功地推銷給客戶，客戶才會考慮你的產品。注重合作的客戶會認為，業務的形象往往代表了所屬公司的產品品質和合作的態度。他們會非常注重業務員留給人的第一印象。

👍 你的著裝要隨場合而變化，在正式場合，穿得要考究一些。男士要穿衣料較好的西裝並搭配領帶，如果是女士則應該選擇正式的職業套裝或晚禮服。如果面對的是專業或權威人士，穿著方面則要特別謹慎。

👍 不要與客戶的穿著反差太大，反差太大會使對方不自在。

👍 要精神飽滿，如雙眼炯炯有神、充滿自信有活力，要讓人有煥然一新的感覺。

👍 不要在客戶的辦公室裡抽煙或喝飲料。

👍 非必要物品留在會談室外，如雨傘、報紙等。

👍 服裝的選擇以乾淨整潔，適合自己，符合自己的職業。

👍 不要穿過於個性化的服裝，不要佩戴過多的飾品。

👍 要彬彬有禮，懂禮貌，做到自信、謙虛。

4. 開場白要成功吸引客戶

　　好的開場白也是成交的關鍵。如果一開始就吸引了客戶的注意力和興趣，那麼則為成功推銷產品做了有效的鋪墊。在與客戶初次見面時，要讓客戶一見到你就印象深刻，你要拋出一個漂亮的開場白以抓住客戶的興趣點。

👍 抓住客戶的需求點，用客戶感興趣的話題吸引他們，讓他感受你很瞭解他的需要。

👍 告知客戶重要資訊，如產品專業知識、市場行情、產品特色等，在跟客戶溝通時要與他分享最新、最重要的資訊。

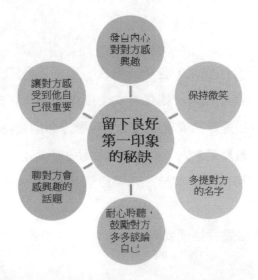

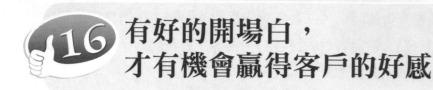

**有好的開場白，
才有機會贏得客戶的好感**

Get The Point !

一個好的開場白，就是要能吸引客戶，讓客戶感興趣。你可以提供部分資訊，賣個關子，吊足客戶的胃口，利用新奇的提問方式勾起客戶的好奇心。此外，在跟客戶溝通前，要調整自己的心態，讓自己積極樂觀，只有這樣，你才能用心去開場。另外，還可以適當地讚美對方，或者透過客戶認識的人來介紹自己，消除客戶的疑慮，讓客戶信任你，這樣才有機會贏得客戶的好感。

上學寫作文的時候，老師曾告訴過我們一篇好的文章必須要龍頭鳳尾，開頭很重要，因為那是吸引讀者讀下去的關鍵。同樣，在整個銷售過程中，好的開場白也至關重要，只要你在一開始就抓住了機會把客戶的積極性都調動起來，贏得了客戶的好感，就能完成一次成功的溝通。

怎樣才能有一個精彩的開場白，成功地吸引到客戶呢？

1. 激發客戶的好奇心

當別人送給你一個箱子，並且千叮嚀萬囑咐裡面有很重要的東西時，你千萬不能打開看，你就會特別想知道裡面到底是什麼，很想偷偷打開看看，這就是你的好奇心在作祟。沒有人能抵擋住好奇心的誘惑，當人

們對某個事物產生好奇的時候，就有了想去探究的願望。在銷售時，我們可以充分利用這一點，激發客戶的好奇心，讓客戶對我們的產品產生濃厚的興趣，成交自然就水到渠成。

👍 利用新奇的提問方式勾起客戶的好奇心，將產品最終能給客戶帶來的好處轉換成問題的答案，但注意提出的問題不要脫離實際，要與客戶息息相關。

👍 提供部分資訊，賣個關子，吊足客戶的胃口。

👍 你可以透過獨特的表演方式，把產品的特色用新奇的方式在客戶面前展示，給客戶留下記憶猶新的印象。

👍 告訴客戶已經有很多人購買了這款產品，而且使用後特別滿意。

2. 消除客戶的疑慮

　　小林是做電話銷售的，她告訴我有的客戶接到電話時會特別擔心，害怕是騙子透過電話來騙錢的，很反感接到這種推銷電話。這時怎麼辦呢？我們先別急著反駁客戶，而是可以告訴客戶自己當地分公司的地址，客戶一聽，會有一種熟悉感，然後再向客戶介紹業務。這時，他內心的疑慮已經被打消了，對小林的介紹也產生了興趣。

　　在銷售中，我們經常會遇見這種警戒性很強的客戶，只有在開場的時候先打消客戶的疑慮，才能拉近彼此距離、博取他的信賴，否則將無法繼續進行銷售。

👍 用會員回訪的方式，先與客戶進行感情溝通，然後再介紹新產品，供客戶選擇。

👍 讚美和恭維對方要恰到好處，不要太虛假。

👍 要站在客戶的角度，告訴他產品能給他帶來的好處和利益。

👍 善意地為客戶解決問題，做客戶的朋友，徹底打消他對你的懷疑。

👍 運用第三者介紹，透過客戶認識的朋友來介紹，會消除客戶的警惕性。

👍 當客戶懷疑你的時候，不要急於爭辯，可以巧妙地轉移話題，告訴客戶確切的相關資訊，讓客戶覺得真實可信。

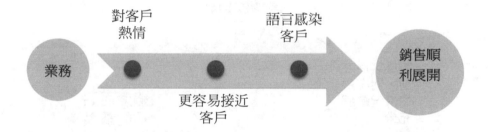

3. 用心跟客戶「表白」

如果一個男孩很隨意並且像背課文一樣去跟女孩子表白，那麼很可能會遭到對方的拒絕。因為他的態度沒有打動女方的心，從他的語氣、表情中可以看出他的態度，也就是說他沒有真正用心。只有真正用心了，對方才有可能接受他的愛意。

那麼在銷售當中，當你在跟客戶銷售產品時，你的開場白就相當於你對客戶的「表白」，如果你懶洋洋、無精打采地給客戶打電話，即使客戶看不到你，他也能敏感地感覺出你的態度，「表白」的臺詞千篇一律、毫無新意，能引起對方的好感嗎？

👍 在給客戶打電話之前,一定要有積極樂觀的心態,充滿信心和熱情。

👍 不要以為客戶看不到你就鬆懈,要想像客戶就站在你的面前,用動作、表情去打動對方。因為只有你先打動了自己,才能打動對方。

👍 要多微笑,不要打斷客戶的講話,不要跟客戶爭辯,要認真傾聽客戶的意見。

👍 可以用感激作為開場白,對客戶肯抽時間聽你介紹表示感謝,讓客戶喜歡你。

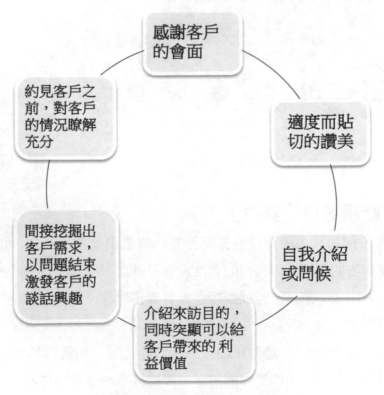

▶開場白的準備工作需要把握的方向

17 接近客戶，
就從他們喜歡的方式入手

Get The Point !

要想接近客戶，有以下幾個要點要加以注意。首先，可以聊一些客戶感興趣的話題，試圖找到共鳴點；其次，自己要端正有禮，接近客戶時要注意服裝是否得體，不要讓客戶討厭；最後，要讚美客戶，並且可以適當贈送客戶一些小禮物，讓客戶感受到你細緻的關懷。凡此種種，說明一個道理：只有從客戶喜歡的方式入手，才能讓客戶更快地喜歡你、接受你。

當你剛剛打通客戶的電話，正準備開始自我介紹時，因為客戶正在睡覺，你吃了個大閉門羹；當你沒有事先和客戶預約就登門拜訪，還沒找到客戶感興趣的話題，就開始喋喋不休地介紹產品，結果被客戶趕出來……這些狀況讓你還沒接近客戶開講，就被拒絕得徹底，究其原因就是沒有用客戶喜歡的方式，而結果就是沒有得到客戶的認可，無法推銷自己的產品。那麼，要如何接近客戶才能不讓他們感到厭煩呢？

在這個銷售小廣告滿天飛的時代，大多客戶已經被轟炸式銷售搞得焦頭爛額，多數客戶所能接受的消費方式無非是最原始的——自己看中意、自己選購，而不是被銷售。他們對業務員的要求也只是——提供我一些商品諮詢，而不是向我銷售。換句話說，業務員要做的是引導客戶購買

商品以及提供專業性的服務，而不是一味地銷售自己的商品，這是一種較高銷售情商的表現，也是與客戶展開有效溝通的基礎。

　　在與客戶溝通的時候，應該先去了解、觀察客戶的需求，而並非立即為他提供意見。要說服一個人購買你的商品，最好的辦法是為他著想，從他的角度出發，讓他明白這場交易中他能得到什麼好處。那麼當我們面對客戶的時候，怎樣才能達到不被客戶厭煩而又實現不推而銷的效果呢？以下提供幾點銷售技巧。

1. 貼心的關懷

　　你正在餐廳用餐，這時外面突然下起了滂沱大雨，而你卻沒有帶傘，你肯定擔憂要怎麼回家。這時服務員遞給你一把雨傘，你是不是感受到了被關懷的溫暖呢？事情雖然小，卻讓你感動不已，甚至還會想主動介紹朋友來這家餐廳吃飯。完善的服務可以為我們贏得客戶，沒有人會拒絕別人貼心的關懷和服務，向客戶提供貼心的關懷也是為業務員自己創造巨大的利益。

👍 盡可能為客戶提供貼心的服務，讓客戶感受到你細緻的關懷。例如：主動回收舊機器、附上產品使用教學光碟。

👍 在特殊的日子裡向客戶表達問候，可以發訊息、打電話等。

👍 可以為客戶追加額外的服務或者贈送客戶一些小禮物，例如買洗衣機可以送洗衣袋、買車送行車記錄器等。

2. 有禮貌才能成功接近客戶

當你穿著涼鞋，一臉鬍渣，然後冒昧地拜訪客戶，向客戶推銷你的產品時，試問，客戶會接受你嗎？如果客戶有嚴重的潔癖，而你又一身汗臭味，遠遠就能聞見一股異味，客戶會想和你坐下來聊聊嗎？通常情況下，客戶會喜歡彬彬有禮、外型乾淨得體的業務員。服裝乾淨整齊可以體現出業務員懂禮貌、對客戶展現尊重和重視，這樣才能博得客戶好感。

👍 在距離客戶三米遠的地方就要和客戶打招呼、微笑，微笑能傳達你的真誠。

👍 講究禮儀，在拜訪客戶前要事先預約，如果沒有預約那麼首先要向客戶對你的打擾致歉，不要讓客戶感到很唐突。

👍 注重自身形象，在出門前要審視自己的儀容，必要時換身乾淨的衣服，不要穿很另類的服裝，要大方得體。

👍 不要打斷客戶的話，要認真傾聽。不要一見面就滔滔不絕地介紹產品，這樣客戶容易對你所說的感到麻木。

👍 為了說服客戶而不斷拜訪，這是很容易讓客戶反感的。有時候可以透過客戶認識的人轉介紹。

3. 學會營造銷售氣氛

和客戶初次見面，要把第一句話說好。用親切貼心的語言消除客戶對你的陌生感，拉近雙方的距離。只有先贏得客戶的好感和信任，才有與客戶繼續談下去的機會，繼而有成交的可能。

你可以先與客戶聊一些與銷售無關的話題，如：流行時尚、運動、

興趣等,透過聊天拉近雙方距離,然後再逐漸將話題轉向產品。如果業務員一見面就不停地介紹自己的產品,很容易引起客戶的反感,而適得其反。

4. 沒話找話來接近客戶

當你在商場隨意逛逛時,一旁的銷售員禮貌地問你:「你的包在哪買的啊?我也挺喜歡這一款,正打算買呢。」即使你不認識她,估計也會不自覺地打開了自己的話匣子,跟她聊得火熱。這說明在銷售時,業務員要學會沒話找話,只有這樣你接近得了客戶,才有機會賣出自己的產品。

👍 可以恰當地讚美客戶。根據客戶的外表、氣質、服裝等進行讚美,能有效拉近與客戶的距離。例如,你今天很有活力、這髮型真適合你。讚美要真誠,不要虛情假意。

👍 直接問客戶問題,如說:「有什麼可以幫到您的?」

👍 要具備良好的觀察能力和分析力,準確找到客戶感興趣的話題,可以先試著談論工作、興趣愛好等。

👍 直接告訴客戶產品能帶來的好處,能帶給他什麼利益,用利益打動客戶。

👍 可以利用客戶認識的第三人,透過電話或介紹的方式接近客戶。

5. 充分瞭解客戶的需求

俗話說:欲速則不達。如果業務員一見面就介紹你的產品,就會顧此失彼,很難把握客戶的需求心理,不容易找到介紹的方向。因此,當我們第一次接觸客戶時,交談的重點不應該是介紹你的產品,而應該是多多

向客戶提問，盡可能地多瞭解客戶的背景資訊和需求資訊。只有在客戶感覺有必要深入瞭解你的產品時，你才可以做進一步地詳細說明和介紹。

我們可以從以下幾個方面去瞭解客戶的需求。

👍 採用一問一答的方式，向客戶提問題。

👍 通過聊天的方式總結和揣摩客戶的需求。

👍 以傾聽的方式，讓客戶不自覺地想說出來與你分享。

6. 少說多聽，讓客戶自己說出來

對於業務員來說，好的口才固然重要，但是很多時候，業務員銷售失敗的原因，不是因為他們不會說或者不善於說，而是因為他們說得太多了。如果你從始至終一直滔滔不絕地說，客戶很難從這麼多的資訊中找到自己需要的信息，這容易引起客戶的反感甚至厭惡。所以，對於一名優秀的銷售員來說，能夠給客戶一定的說話空間和彈性，讓客戶去說，從客戶的話語中捕捉一定有用的資訊，並相應地給予建議，才是成功銷售的捷徑。

優秀的業務員行事低調，懂得要洞察客戶的感受，一旦客戶開口說話，他們一定集中精神，專心致志地聆聽，並及時做出適當的反應，不急著打斷客戶，這樣恰恰能迎合客戶的心理，贏得客戶的好感和信任。在聆聽的過程中，可以瞭解到客戶的真實需求，找到突破口，針對客戶想要的，提供讓客戶滿意的產品或服務。

在與客戶說話時，需要掌握以下幾點技巧。

👍 眼睛要注視著說話者，不要東張西望。

👍 聆聽對方講話時，身子要稍微前傾，以展現你的誠意。

👍 在交談的過程中，表情要隨對方談話的內容表現出相應的變化或回應。

👍 不要隨意打斷對方的話，如果要發表意見，一定要等對方把話說完，再開口。

👍 不要突然地轉移話題，要透過巧妙的應答把對方講話的內容引向對銷售有利的方向和層次。

7. 站在客戶的角度考慮問題

任何一位客戶都希望自己購買的產品是最適合自己的，而在購物過程中人人都希望受到更多的關懷和體諒。因此，要多從客戶的角度考慮問題，儘量滿足他們的心理需求。只有拉近自己與客戶的關係，給予客戶最貼心的服務和暖人的話語，讓其感受到你的關心和照顧，才能打消客戶的疑慮，增加客戶的購買熱情。以下提供幾點建議：

👍 主動詢問客戶的需求。除了透過客戶的言行舉止來分析客戶的需求外，還要多詢問客戶，充分弄清楚客戶的心理，才能更周到地為客戶解決問題。在詢問客戶的過程中要態度真誠，措詞委婉，給予客戶真正的關注。

👍 善於觀察客戶的舉止。客戶在購買產品時，常會透過動作、表情等來表達對產品或者服務的想法或不滿。觀察客戶的舉止，以便及時調整自己的態度或語言。

👍 讓客戶感受到你的貼心。客戶無法決定是否可以購買，可能客戶在與決

策人溝通之後仍然做不出決定，畢竟客戶憑藉描述很難讓決策人對產品
有一個十分準確的瞭解和認識。這時你應向客戶詢問決策者的愛好、習
慣等，透過客觀的衡量明客戶確定購買方向和具體的產品，與客戶共同
討論出一個大家都滿意的結果。

👍 客戶不知選哪件產品好的時候。如果客戶對幾種產品都很滿意，反而更
難做出決定。這時你應綜合客戶的現實情況，向客戶推薦對其最有利的
產品。

👍 客戶有特殊需求時。如果客戶的需求比較特殊，就應據此向客戶推薦能
滿足客戶需求的產品，也可以增加服務滿足客戶。如果產品確實無法滿
足客戶時，可以向客戶推薦其他商家。在銷售過程中，業務員就要儘量
讓客戶感到貼心，無論是提問還是回答客戶的疑問，都要儘量從客戶的
角度出發，多為客戶考慮，進而拉近與客戶之間的距離，提高成交率。

　　用客戶所能夠接受的方式去銷售，是一個業務員成交訂單的重要手
段之一。所以，能夠快速準確地洞察客戶的心理、找到客戶所能接受的方
式，並且運用讓人拒絕不了的溝通能力說服客戶，每一位業務員都需要學
習的一門重要課程。

就地取材。可以從稱讚客戶 的服裝、傢俱擺設、辦公環境等方面向客戶拋出話題

「您這手錶真好看,在哪裡買的?」
「這裡的環境不錯,還可以聽聽古典音樂。」

可以使用向客戶請教的方法向客戶拋出話題

「聽說您是下棋高手,我想向您請教一下下棋的方法,可以嗎?」

從客戶熟悉的產品或者感興趣的話題入手,與客戶展開討論。

常見的話題是客戶的家鄉是哪裡的,有什麼風土人情;客戶的旅遊見聞;客戶的喜好等
「您總是一身運動裝,可以看出您十分熱愛運動啊!」

在與客戶談話之前,最好事先瞭解客戶的興趣點。

在談話過程中結合之前對客戶興趣點的掌握,在向客戶提出的前三個問題中找到激發客戶興趣的「引子」
「您在購買產品時是更注重產品的品質,還是價格呢?」

 充分表現真誠和好人品，
向客戶證明你很可靠

Get The Point !

對待客戶的時候，要真誠相待。真誠是要發自內心的，不虛假、做作，要多真誠的微笑，與客戶交流要認真傾聽。此外，還要站在客戶的角度思考，不欺瞞客戶，用良好的人格與客戶相處，把客戶當做朋友，從小事中體現你的真誠，讓客戶信任你，感覺你是一個可靠的人。

大家還記得《射鵰英雄傳》裡的郭靖嗎？他不管與誰相處都非常真誠，笑起來更是憨厚無比，給每一位觀眾都留下了深刻的印象。當你用真誠去跟別人交往時，別人一定會對你感到信任。而在銷售工作中，如果你對待客戶真誠，是一個人品好的業務，會讓客戶覺得可靠，他們會喜歡你、相信你，進而購買你的產品。

1. **真誠要發自內心**

當客戶在跟你溝通的時候，你出現左顧右盼、眯著眼睛、摳自己的指甲等行為，又如何能讓客戶感覺到你的真誠嗎？這只會讓客戶覺得你輕浮、太不可靠了。俗話說，眼睛是心靈的窗戶，客戶能從你的眼睛中看出你是否真誠。真誠一定要發自內心，它們會透過你的行為舉止表現出來。只有發自內心的真誠才最能打動人心。

- 在與客戶交流時，不要有太多的小動作，眼睛要注視著客戶，向客戶傳遞一種認真傾聽的暗示。
- 不要拐彎抹角地說太多廢話，語言要簡單明瞭，通俗易懂。
- 穿著不要太隨便，要正式一些，要大方得體。
- 要多微笑，發自內心的向客戶展現自己的笑容。

2. 真誠地為客戶考慮

當你推銷的產品不太適合懷孕的孕婦時，你是為了要做出業績而刻意隱瞞，還是真誠地告訴客戶事實呢？良好的人品會使你忽視自己的利益而重視別人的利益，會使你站在別人的角度上思考，當你真誠地站在客戶的角度看待問題，設身處地地為客戶考慮時，客戶一定會被你的真誠所感動，他會成為你最忠實的客戶。

- 做人要講誠信，首先要嚴格約束自己，知道什麼事情不應該做，做事要對得起良心。
- 站在客戶的角度上思考，根據客戶的實際情況給出恰當的建議。
- 告訴客戶在使用產品時不正確的操作方法。

3. 真誠從小事中表現

李銘所在的公司需要考核回款情況，產品發出後不能退回，不然是要被扣錢的。李銘的一位客戶是在新竹，貨到當地後一直沒有去取，李銘跟客戶電話聯繫，客戶總推說明天去取。李銘又一次撥通了電話，客戶說

正準備去取呢，下著雨要耽誤一些時間。李銘趕緊叮囑客戶：「路上一定要注意安全，山路挺泥濘的，要不先別去取了，等天晴再去。」晚上的時候客戶給李銘打來電話說：「你的產品我本來打算不要了，準備給你退回呢，就敷衍你，說我這裡在下雨，沒想到你沒有催我趕緊去取貨，反而叮囑我注意安全，你的真誠打動了我，所以我收下了你的產品。」

如果你真誠地對待客戶，客戶一定會感覺到的，他也會真誠地對待你，會給你一個意想不到的驚喜。

👍 不要只注重客戶到底買不買你的產品，對待客戶就要像對待朋友，可以聊聊天氣等家常話題，如果那邊天氣不好，要提醒他多加件衣服，注意保暖。

👍 要注重細節，善於從小事中發現問題。

👍 多關心客戶，當客戶出現問題時，要積極解決，而不是視而不見。

4. 注重品格的培養

一家公司進行人才招聘，經過層層選拔、嚴格篩選，最後進入決賽的只有四人。在決賽時，四名參選人在途中都遇見一個躺在地上的老人，前三名參選人都視而不見、匆匆走過，只有快要遲到的最後一名參選者扶起了老人，關心地問了幾句。最後的結果是第四名參選人被錄取了，地上那位老人是用來測試參選人有沒有樂於助人的品格的。

當我們在銷售時，客戶也許會出這樣的「試卷」，「試卷」沒有合格的，客戶不會選擇跟你合作。只有那些具有良好品格的人，客戶才會覺得這名業務很可靠、值得信賴，放心地與其合作。

 **19 善於推銷自己，但不要出賣自己**

Get The Point !

　　業務員要知道自己的長處和特色，不時地展現自己的閃光點讓客戶對你有好感、喜歡你。同時要懂得包裝自己，每日穿搭的服裝要大方得體，符合自己的身份和職業，內外兼修，只有客戶先認同了，才會認同你銷售的產品。要敢於推銷自己，用聰明的方式把自己推銷出去，還有一定要重誠信，不能欺騙客戶，不要出賣自己的良心。

客戶在決定買下產品或簽下訂單時，決定有時候並不是產品吸引了他，而是業務員。銷售的過程也就是推銷業務員的過程，只有客戶認可了你才會接受你的產品，如果他都不想看見你，又怎麼會購買你的產品呢？只有善於推銷自己的人才能賣出更多的產品。

　　那麼，怎樣來推銷自己呢？

1. 推銷自己，才能推銷產品

　　拿破崙曾說過：「如果你想成為一個不平凡的人，就要學會推銷自己。」在推銷商品之前首先要推銷自己。向客戶推銷自己，就是要讓他們喜歡你、信任你，並能夠認同接受你的建議，進一步從你這裡購買產品。只有客戶認同你了，你的產品才有機會賣得出去。

- 👍 多為對方考慮，站在客戶的角度上思考問題，以客戶的利益為考量。
- 👍 當客戶遇到困難時，你要盡自己最大的力量給予協助與關懷，讓客戶感覺到你的溫暖。當你觸動到他的內心時，你就成功了。
- 👍 瞭解自己，知道自己的優點和特長，在推銷自己時，要展現自己的閃光點，讓客戶喜歡、願意跟你接觸。
- 👍 在推銷自己的時候要充滿自信，自信可以增添你的魅力。
- 👍 注重細節，多做事，讓客戶接納你。

2. 學會包裝自己

　　同樣的一件產品，如果其中一件用精美的彩紙來包裝，另外一件產品沒有進行包裝，然後讓客戶來挑選的話，大多數的人會選擇包裝過的產品。因為華麗的外表吸引了他們，人總是喜歡美好的事物，不光產品需要包裝，人也是需要包裝的。現在很多的歌星、影星都是經過包裝的，目的很簡單，就是吸引更多的人去喜歡、追隨他們。那麼，我們該如何包裝自己呢？

- 👍 挑選適合自己的服裝。衣服不要太過個性或者華麗，但一定要符合自己的身份和職業。
- 👍 衣服要乾淨而整潔，大方而得體，讓人眼前一亮。
- 👍 打造自己，從儀態到內在修養，進行全方位的培養，包括站姿、坐姿等。
- 👍 可以看一些歷史文化方面的書籍，增長自己的知識，還可以涉獵音樂、體育等方面的知識，開拓自己的視野，讓自己具備更高的文化修養。

3. 敢於毛遂自薦

如果你有能力、有才華、有技巧，卻得不到別人的關注，你打算就這麼一直默默地等待嗎？

好花不常開，好運不常在，只有靠自己的努力，去爭取，像毛遂自薦一樣，對自己充滿了信心，善於推銷自己，敢於推銷自己，才有機會成功。

👍 做好相關的準備工作，收集更多的資訊，知道自己的特色，比別人好在哪裡。

👍 你可以寫一封自薦信，說明自己能力和特色，把自己的優勢展現出來。

👍 你可以利用一些小技巧向別人推薦自己，可以給客戶一張小紙條，上面寫著「你發現千里馬了嗎？」

👍 你可以找客戶認識的人推薦和介紹自己，例如找到客戶的鄰居，讓鄰居幫你轉介紹。

4. 不要出賣自己

「誠實是推銷之本。」這是喬·吉拉德說過的。不管多好的產品總有一些弊端，當客戶問到時，如果我們隱瞞了，那麼，日後他們的使用過程中發現事實並不是你說的那樣時，就會感覺受到欺騙了，以後就再也不會來買你的產品。當客戶問到產品的不足和劣勢時，我們要真誠地告訴客戶，對客戶實話實說，不要隱瞞或者誇大產品的功能，更不要出賣自己的良心。

👍 不要認為文化低的人一無所知而選擇欺騙，我們應當真誠對待每一位客戶。

👍 面對面對自家產品的缺點時，我們要做好相關的準備。當客戶問到時不要隱瞞，否則會失去客戶對你的信任。

👍 要用對比的方式突出產品的優點，讓客戶坦然接受產品的缺點。

👍 要站在客戶的角度上考慮問題，給出適合客戶的意見，讓客戶感覺到你的真心和誠意。

👍 當客戶問到產品的不足時，也要照事實，實話實說，不要誇大產品的功能，或者虛構一些產品沒有的功能等。

成為客戶的專業顧問，讓客戶放心

成交法則

Get The Point !

　　我們要成為客戶的專業顧問，首先要具備足夠的專業知識，瞭解市場行情與動向，明白自己的產品和同類產品各有什麼優缺點，熟練掌握產品的專業知識，並且要摸透客戶的心理，觀察客戶的心理需求和關注點。此外，還要站在客戶的角度上，引導或建議客戶選擇對自身有益的產品，得到客戶的信任，讓客戶放心購買產品。

　　在日常生活中，你去醫院看病，比起年輕的實習醫生我們還是認為年齡大的老醫生專業性更足、更值得信賴；在給孩子請家教時，更多的人會選擇有經驗的老教師，認為他們比剛畢業的大學生專業度更高一些。這些事實都生動地說明了權威效應遍佈於生活中，在銷售中，客戶在購買產品時，也會更相信專業的業務員。

　　能夠在客戶的面前表現出權威專家的態度，是你從事銷售這一職業需要表現出的最基本的態度。如果你在與客戶交流時一問三不知，這就說明你連銷售員的基本素質都沒達到，贏得客戶更是不可能。如果你對客戶的提問只知其一，不知其二，只略懂皮毛，同樣也難以取得客戶的信任，因為你沒有讓他們瞭解到他們一直想知道的東西。

　　那麼，怎樣成為客戶的專業顧問，讓客戶放心購買我們的產品呢？

1. 成為本行業的專家

　　在這個產品日益同質化的時代，誰對產品的相關知識瞭解得越多，表現得越專業，介紹得越詳細，誰就越能贏得客戶的信任和關注，留住客戶，實現成交。客戶所信賴的是我們的專業知識，只有擁有專業水準的業務員，才能讓客戶信任。所以你必須充分地瞭解自家公司的產品，面對客戶的各種提問都能夠對答如流。要達到這種水準，首先要掌握產品的專業知識，讓客戶感覺到你對產品的知識很瞭解、明白他的需求，如此才能成為客戶的專業顧問。

👍 清楚地瞭解產品的基本特性，能讓你更好地呈現產品優勢讓客戶知道，它們包括產品的規格型號、顏色材料、包裝、質地、美感等。

👍 產品所採用的技術特徵，也就是產品的技術含量。你只有清楚這個問題，才能在客戶提問時對答如流，讓客戶更準確地認識產品。

👍 瞭解產品的價格。產品的成交價是多少？底線價是多少？建議價是多少？這些你都應該牢記在心。

👍 瞭解產品的性能、優勢等，可以有效地去說服客戶。

👍 產品的特殊優勢。產品中與眾不同的地方最能吸引客戶的注意力，對這種優勢進行深入的瞭解和認識，才能更加吸引客戶。

👍 瞭解市場行情、自己的產品和同類產品對比有什麼優缺點。你的同業經營情況如何，同類產品哪些賣得好？它們都有哪些優缺點？瞭解這些，你才能在介紹自己的產品時揚長避短。

👍 瞭解客戶的需求，能正確指導客戶選擇對自身有益的產品。

👍 掌握與產品相關的操作手段，例如產品功能的調節，拆卸組裝等。

👍 產品相關領域資訊。銷售服裝你就要懂得色彩搭配；銷售電腦你就要懂

得電腦配件和系統知識；銷售傢俱你就要懂得家飾裝潢、布置或是居家風水。總之，與你所售產品相關的領域，你都應該主動去瞭解。

2. 瞭解客戶的心理

　　客戶會關注的通常是自己優先考慮的問題。例如，已婚的女性購買產品時會要求實用、價格低的；而年輕的女孩在購買產品時，就會關注款式、顏色、工藝等。業務員要懂得站在客戶的角度上思考問題，要從朋友和顧問兩個角度上為客戶提供合適的建議。切忌不要盲目地推銷，而是要先深入地瞭解客戶真正的心理需求，了解客戶真正的關注點，這樣才能讓客戶放心購買。

- 🖒 很多客戶會有攀比心理，這時要讚美客戶，讓客戶心情愉悅。
- 🖒 如果你發現客戶更看重安全性時，你就要從產品的安全角度切入去介紹。
- 🖒 告訴客戶產品的價值，讓他感覺產品值那個價格。可以用產品功能來引導客戶。
- 🖒 有些人看別人買才買，有從眾心理。那麼，你可以採用限量策略，或者可以舉例子，告訴他別人都已經買了。
- 🖒 有些客戶虛榮心特別強，這時你只要按客戶的意願加以引導，運用對比的方式，將高價產品的優越性完全呈現出來，儘量滿足客戶的虛榮心理。

3. 打消客戶的疑慮，讓客戶放心購買

　　當客戶對產品還有一些疑問時，如果你未能及時地消除客戶的疑慮，那麼客戶是不會購買你的產品的。所以，你要懂得善用換位思考，站

在客戶的角度上思考，當客戶有所疑問或異議時，和客戶一起深入研究並解決問題，讓客戶放心購買，同時還要根據客戶的實際情況和需求，挑選並給出適合客戶的產品或者建議，為客戶創造出更大的價值，成交就快了。

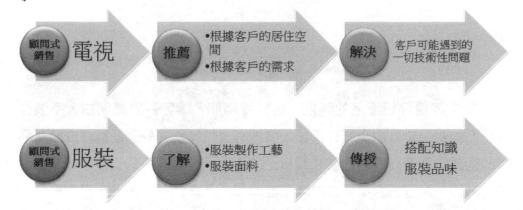

 **低調是最牛的炫耀，
在不露鋒芒中展現專業**

Get The Point !

在向客戶介紹產品的時候，語言要精簡，讓客戶能聽明白，不要在客戶面前動不動就說專業性詞語，要把專業性特別強的詞語翻譯成簡單易懂的詞語，不要在客戶面前炫耀自己的專業。在與客戶的交談中，要在合適的時機，解答客戶不明白的專業性問題，不露鋒芒地表現自己的專業。

如果在生活中與別人交談時，你處處使用英語，而對方只能夠聽懂一兩個詞語，是不是就會引起別人的反感與不舒服。在銷售中，如果你在跟客戶介紹產品時，滿口都是專業用語，處處表現得很專業，而客戶卻聽得一頭霧水，反而引起客戶的反感，自然也不會買你的產品。所以，業務員不要總是跟客戶炫耀自己的專業性，而是要低調地做人，在不露鋒芒中表現出專業性。

1. 不要在客戶面前炫耀自己的專業

因為李總的公司剛搬到一個新的辦公區，所以急需安裝一台影印機，便讓秘書去辦理這件事情。當業務員接到秘書打來的電話後說：「貴公司最適合多功能雷射事務機了。」秘書不知道多功能事務機是什麼，就去問總經理，李總也不是很清楚。於是，秘書又問這個業務員：「這個事

務機是列印用的還是影印用的？是小型的還是大型的？」對方感到驚奇地說：「如果你們想要影印機，可以選擇兼具 Parallel 及 USB 界面的。」秘書徹底無語了，實在不想再雞同鴨講下去，只好對他說再見，以後再聯繫，然後選擇了下一家公司。

　　這個業務員處處顯示自己的專業，以至於讓客戶聽不懂，最終選擇了其他公司。所以，記得銷售員不要處處在客戶面前炫耀自己的專業，否則會讓客戶離你而去。

　　剛從事壽險業務員不到一個月的小賴，一看到客戶就一股腦地向客戶炫耀自己是保險專家，在電話行銷中就把一大堆專業術語塞向客戶，個個客戶聽了都感到壓力很大。當與客戶見面後，小賴又是接二連三地大力發揮自己的專業，什麼「豁免保費」、「保單價值準備金」、「前置費用」等等一大堆專業術語，讓客戶聽得霧煞煞，會被拒絕也是很自然的事。我們仔細分析一下，就會發覺，業務員是把客戶當作同仁在訓練他們，滿口都是專業用語，如何能讓人接受呢？既然聽不懂，怎麼會想買呢？如果你能把這些術語，用簡單的話語來取代，讓人聽後明明白白，才有效達到溝通目的，產品銷售也才有機會達成。

👍 在介紹產品的時候，語言要精練、通俗，讓客戶能聽明白。

👍 要把專業性特別強的詞語翻譯成簡單易懂、盡量白話的詞語，讓客戶聽起來通俗易懂。

2. 不露鋒芒地表現自己的專業性

　　向客戶介紹產品時，不要刻意表現自己有多專業，從而對客戶誇誇

其談，在客戶面前說很多專業性的詞語，結果客戶不但聽不懂，而且容易產生厭煩的情緒。所以，在推銷產品時，要用生活化的語言解答客戶的疑問，要不露鋒芒地表現自己的專業與建議，只有這樣才能得到客戶的認可。

👍 在與客戶的交談中，要在合適的時機，解答客戶不明白的專業性問題，並視情況舉例子輔以說明。

👍 在為客戶解答問題時，語言要生動具體，便於理解和記憶。

👍 一些難於理解的專業性詞語要用簡單的詞語替代，讓客戶能易於了解並接受。

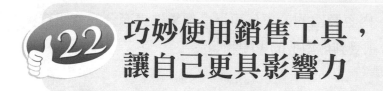

**22 巧妙使用銷售工具，
讓自己更具影響力**

成交法則

Get The Point !

要想讓自己變得更具影響力，那麼首先就要有較強的專業能力來讓客戶信服。我們可以透過查看產品資料和說明書等，瞭解產品的具體情況，在拜訪客戶時，相關資料一定要帶齊，如產品的資料、圖片、說明書、市場調查報告、獲獎證書、權威機構評價、鑒定書等，要學會巧妙地使用銷售工具，增加自己的影響力，讓客戶信服。

當你在與客戶溝通的時候，改變和影響客戶心理和行為的能力就是影響力，影響力能夠讓你吸引更多的客戶，心甘情願買下你的產品或服務。擁有了影響力，你就能在銷售中佔據主導地位，輕鬆自然地獲取客戶的認同。銷售工具就相當於魔法棒，巧妙使用會讓你看到出乎意料的效果。那麼，如何讓自己更具影響力呢？

1. 巧妙使用公事包

公事包不僅是業務員的必備工具，而且如果運用得當，它還可以成為引起客戶重視你的重要道具。

首先要保證公事包必須整齊乾淨，這樣才能快速找到想要的資料，同時讓客戶認為你是一個辦事細心、可靠、有條理的人；其次，公事包裡

的資料必須內容豐富。內容豐富的公事包可以令你掌握更充分的資訊資料，同時能令客戶充分感受到你對他的重視和關注。

2. 小小名片大作用

名片已經是現代人相互交往時的必備物品。以日本豐田汽車公司的一位資深業務為例，他的名片上面除了印有公司名稱、地址、聯繫電話之外，還用手寫體寫著這樣一段話：「客戶第一，是我的信念；在豐田公司服務了 17 年是我的經驗；提供誠懇與熱忱的服務，是我的信用保證。」在名片的上方，還貼著一張他兩手比成 V 字的上半身照片。在名片的背面，印著他的簡歷，包括他的簡單自我介紹、銷售汽車數量的個人記錄，還有他的聯繫方式等。

這種設計獨特的名片常常使客戶對他產生很深刻的印象，當然這也為他之後與客戶的良好溝通開了一個好的開始。

對於業務員而言，名片就如同業務員的說明書一般，遞上名片就等於是在做自我介紹。一張設計巧妙的名片其實就相當於你的一塊「活招牌」。好的名片能幫你成功地吸引客戶。

3. 讓產品資料引人注目

向客戶推銷產品時，客戶通常會告訴你：「把資料放到桌子上就可以了，等我有時間再看」。可是你會看到，客戶的桌子上已經擺了厚厚一疊各個同行的產品資料，如果你的產品資料不能吸引客戶，就會被扔進廢紙簍。

你可以準備一份包裝精美而且大方的資料說明，最好能夠引起客戶的注意。因為只有引起客戶的注意，你才能為以後的銷售做好準備。

4. 方便的溝通工具

作為一名優秀的，最好選擇訊號更好、攜帶更方便的通訊工具，以免在客戶與你聯繫時出現斷線、連接不上等問題，最好還要有時下流行line、FB 等通訊 APP，方便客戶隨時聯繫你。便捷的交通工具也是必不可少的，如果沒有便捷的交通工具，就很可能發生約見客戶不方便、與客戶見面時遲到等問題。

擁有方便的溝通工具，可以使你在任何時候與客戶保持聯繫，而且還可以保證你對客戶的邀請隨傳隨到。

5. 專業能力讓人信服

在銷售過程中，如果你對專業知識很精通，當客戶問到產品時，你能詳細清楚地介紹產品，解決客戶的各種問題，客戶會因為你的專業，而認為你值得信賴，進而考慮購買你的產品。專業知識能夠讓客戶信服，具備專業性才會有影響力。

 **23 睿智和幽默是種魔力，
能鎖住客戶的心**

Get The Point !

　　要培養自己的幽默感，就要多看一些小品、相聲、諷刺小說和笑話故事等，在生活中要多累積一些素材。此外，你要有一顆寬容的心，灑脫樂觀地面對人生，在遇到尷尬的情況發生時，要學會運用自嘲，不要過於看重別人對自己的評價和說法。有效地運用智慧、恰到好處地展現幽默，在輕鬆愉快的場景中鎖定客戶的心，是一名優秀業務員必備的素質。

　　幽默是一種智慧，能夠引導人對笑的物件進行深入的思考。在銷售過程中，使用幽默的溝通方式，可以使客戶處於一種放鬆愉快的情境中。所以，要恰當地運用睿智、巧用幽默，這樣才能打破客戶對你的戒心，讓緊張的氣氛得到緩解，讓自己贏得更大的利益。

　　讓你的客戶會心一笑，他們才會購買你的產品。怎樣恰當地運用睿智和幽默呢？

1. 學會培養幽默感

　　文學家契科夫曾說過：「不懂得開玩笑的人，是沒有希望的人」。人們在面臨困境時，可以用幽默來緩解精神和心理的壓力，它是聰明睿智的表現，往往建立在豐富知識的基礎上。要想熟練地運用幽默，就必須先

培養自己的幽默感。

- 👍 要多學習，多看一些幽默文學和笑話故事等，廣泛搜集書籍中關於幽默的知識，擴大自己的知識面。
- 👍 要學會體諒他人，有一顆寬容的心，灑脫樂觀地面對人生，不要斤斤計較。
- 👍 培養機智、敏捷的能力，提高觀察事物的能力。
- 👍 多看一些小品、相聲等，在生活中要多累積一些素材。

2. 用自嘲化解尷尬

　　在銷售過程中，我們不可避免地會遇到一些讓我們尷尬的情況，如果你能恰當地運用自嘲，就能讓左右為難的情況變成輕鬆愉快的場景，運用自嘲來展現我們的睿智和特色，引起客戶的注意，讓客戶欣然接受你。

- 👍 要學會善意地理解他人，不要過於看重別人對自己的評價和說法。
- 👍 要有豁達的心胸、積極向上的心態，讓心理擁有正能量。

3. 幽默要恰到好處

　　在跟客戶溝通的過程中，如果你沒有在合適的場景和時間運用幽默，不僅無法讓客戶開懷一笑，還不能吸引客戶的注意，甚至還會讓氣氛冷場變得萬分尷尬。可見，恰如其分地運用幽默很重要，它需要你具備觀察事物的能力以及睿智的頭腦，這樣才能讓幽默展現更大的價值。

👍 要把握住幽默的度，開玩笑不等於幽默，不要毫無節制地亂開玩笑，這是不明智的做法。

👍 要避免低俗、沒有營養的笑話，這會起到相反的作用。

👍 不要拿其他客戶當素材，人稱一定要注意，因為你不知道，這些話會不會傳到被你開玩笑的客戶耳朵裡，而話傳話往往容易被人加工。

👍 要掌握好時機，在合適的時機才能讓幽默發揮最大的效果。

4. 怎樣展現幽默

如果一個人板著嚴肅的面孔，一本正經地給你講笑話，即使這個笑話再好笑，可能你也笑不出來。要展現幽默不是跟木頭一樣面無表情，只要用嘴說出來可以了，它需要將語言和形體動作等有效地結合起來才能達到有趣的效果。有時，我們還需要運用自己的大腦，聰明地將幽默恰到好處地展現出來。睿智跟幽默是不可分割的，有效地運用它們，才能牢牢抓住客戶的心。

👍 在分享笑話時，面部表情一定要放鬆，讓客戶看起來自然，不能板著嚴肅的面孔。

👍 在表現幽默時，可以適當做一些肢體動作，例如表達飛翔時，你可以張開手臂，表現出鳥兒飛翔時的樣子，讓客戶看起來生動形象。

👍 可以適當模仿，例如可以模仿老人走路時的樣子，嬰兒的啼哭聲等，讓你的幽默既真實又形象。

 **磨練最強個人優勢，讓客戶佩服** 成交法則

Get The Point！

　　我們首先要認清自己的優勢，知道自己的興趣愛好和擅長的領域，知道自己哪方面比別人做得好，這些都是你的優勢。然後，充分發揮優勢，揚長避短，學會把優勢有效地運用到銷售過程中，讓客戶為我們拍手稱好。

世界短跑冠軍在短跑這個項目上是佼佼者，但如果讓他參加游泳比賽，他還能取得這麼優異的成績嗎？他本身的優勢就是短跑，只要好好鍛鍊他的個人優勢，他才能取得成功。如果你發展的不是你的優勢而是你的不足，就算你再怎麼努力，成績肯定也是微乎其微的。在銷售過程中，我們要積極磨練自身的優勢，運用個人優勢，成功得到客戶的認可。

1. 認清你的優勢

　　如果你讓一隻瘸腿的老山羊跟一隻年輕力壯的公羊進行賽跑，那麼瘸腿的老山羊能跑過年輕的公羊嗎？答案可想而知，因為老山羊一點兒優勢都沒有，怎麼會取得成功呢？現實中，有人喜歡用良好的客戶關係贏得客戶，有人善長用專業知識和對細節的關注贏得客戶，而有的人喜歡用強有力的說服能力征服客戶。正是因為他們知道自己的優勢，才能發揮優勢

去搞定客戶。人一定要找對自己的位置，看清自己的優勢，要充分發揮自己的優勢，避免劣勢，才能做出漂亮的業績。也就是說，人首先要知道自己喜歡什麼、擅長什麼，只有找到優勢，才會找到發展方向。

👍 瞭解自己的興趣愛好、想從事什麼職業、擅長哪些方面，對自己有一個清晰的認識。

👍 讓你身邊的人對你做出評價，如家人、朋友、老師、同事等。

👍 可借助一些測試工具，如性格測試、能力測試等，瞭解自己的優勢。

👍 在某方面做事持續地具有很高的效率，也很容易比其他人做得更好，這說明你的優勢即在於此。

2. 運用自己的優勢

狗熊和狐狸分別到老虎家推銷產品，狐狸十分流利地介紹產品，並對老虎說了很多花言巧語，可老虎因為上次上過當，所以害怕被能說會道的狐狸欺騙，沒有購買狐狸的產品。狗熊來到老虎家並沒有急於推銷產品，因為他知道自己很笨，只是在老虎面前演示了產品的功能，老虎感覺狗熊老實可靠，當即買下產品。如果嘴笨的狗熊像狐狸一樣先介紹產品，那麼它能說服老虎購買嗎？

在銷售過程中，只有避開自己的不足，發揮自己的長處，才能取得成功。

👍 如果你是直言直語、行動力非常快、表現積極向上、喜歡超越別人、快

速成交的人，在銷售開場時，可以選擇比較強勢、開門見山的推銷方式。

👍 如果你喜歡猜測客戶的心理、善於分析事物、愛思考，你可以先整理好面對客戶時可能會出現的問題，理清思路，運用你的智慧讓客戶心服口服。

👍 如果你有很好的耐心、人很實在、不會對產品誇誇其談、為人低調，你可以選擇親民路線，認真傾聽客戶的講話，站在客戶的角度看問題，與客戶成為朋友，這樣更容易博取客戶的信任。

👍 如果你活潑開朗、能言善辯、思維敏捷，可以選擇輕鬆活潑的開場，營造出愉快自在、產品銷量很好的氛圍，讓客戶在愉快的氛圍中接受你。

👍 如果你熱情、幽默，可以選擇俏皮、幽默的方式跟客戶交談，客戶高興了才會樂意掏錢成父。

Part 3

用賣點獲取**客戶的認同**，
讓產品被客戶所需

How to **Close**
Every **Sale**

25 充分瞭解自己的產品，
更要清楚競爭對手的產品

成交法則

Get The Point !

　　要想讓自己的產品得到客戶的認可，首先就要充分瞭解自己的產品，包括產品的起源、製作技術、材質、性能、產品的保養等。只有具備了足夠的產品知識，才能詳細地向客戶講解產品。此外，業務員還要瞭解競爭對手的產品，知道自己的不足之處和制勝點。

　　「知己知彼，方能百戰百勝」，在戰場作戰只有充分地瞭解了對手的情況，才能取得戰爭的勝利。如今的市場就如同戰場，競爭可謂激烈萬分。要想成功地賣出自己的產品，只有先瞭解自己的產品，知道自己產品的優劣之處才能去吸引客戶，但是也要清楚地瞭解競爭對手的產品，揚長避短，這樣才能在市場上佔有一席之地。

1. 瞭解自己的產品才能吸引客戶

　　一次麗麗和朋友去逛商場，看到一個造型特別可愛的小玩偶，摸起來有點像蠟質，就問店員這個東西的用途。店員瞥了一眼隨口說是擺放的裝飾品，麗麗和朋友興趣大減就離開了。結果在另一家商場，他們又看到了這個東西，店員還在一旁熱情地介紹，這才知道：這個玩偶不光可以當飾品擺件還能當蠟燭使用，而且不會滴蠟油，隨後麗麗和朋友一人買了一

個。可見，第一個銷售員對自己的產品都不瞭解，又如何能指望客戶對你的產品感興趣呢？

👍 首先要充分瞭解產品知識，包括產品的起源、製作工藝、材質、性能、產品的保養等，具備了足夠的產品知識，才能詳細地向客戶講解產品。

👍 要從客戶的角度瞭解產品知識，尤其是要瞭解自己的產品能給客戶帶來的好處和價值。

👍 瞭解產品的缺點和優點，包括與同類產品比較，產品更具有哪些優勢，是耐用、實惠、實用，還是別的優勢？

👍 瞭解產品的製作流程。可以找機會去工廠轉轉，多向技術人員請教一些常規性的問題，向老前輩學習，把自己在業務中經常碰到的技術型問題都弄懂，知道產品的技術優勢。

👍 總結客戶經常問到的與產品有關的問題，找出完美的應對方案，可以上網或者請相關人員幫忙解答。

2. 瞭解競爭對手的產品

　　李明之前所在的公司剛開始銷售的手機大多是功能機和半智慧手機，由於價格低廉，受到了很多客戶的歡迎和喜愛，相當熱賣。但是市場上漸漸出現了智慧型手機，三星、華為等都推出了主打系列，年輕人紛紛相繼購買。他們公司經過大力研發，也推出了幾款智慧手機，果然，智慧型手機很搶手地銷售一空。正是因為瞭解了競爭對手的產品，這家公司才決定跟進研發升級產品，抓住了合適的商機，讓自己的產品跟上趨勢甚至暢銷。在銷售過程中，只有對競爭對手進行了充分的瞭解，才能讓自己不被客戶所淘汰。

👍 瞭解競爭對手所有產品的價格，知道它們產品的特徵，包括即將上市的新產品和已經上市的產品。

👍 瞭解競爭對手的產品在市場上的銷售情況，包括市場佔有率、具體的銷量。

👍 瞭解競爭對手產品的銷售手法，例如，是透過什麼模式銷售的？是走什麼通路？是直銷、網路銷售還是電話銷售。

👍 用自己的產品和競爭對手的產品做比較，知道自己的不足之處，並實際對產品進行開發、款式更新、升級等。

3. 如何瞭解對手的產品

　　瞭解競爭對手的產品有利於我們取得最新的市場動態，有助於我們更熟悉各種產品，能讓我們看到自身產品的不足和缺陷，更能促進我們成長，有針對性對自身的產品進行開發和改造。那麼，透過什麼方法才能瞭解到競爭對手產品的情況呢？

👍 可以在跟客戶的交流過程中，從客戶的嘴裡聽到關於競爭對手產品的情況，多聽聽客戶的想法，瞭解客戶喜歡什麼樣的產品。

👍 在網上搜索競爭產品的相關資料，然後加以整理分析，找到對自己有用的重要資訊。

👍 透過參加技術培訓，參加同業的會議或相關產業學術交流，可以從中獲取一些關於競爭產品 的資訊。

👍 與同行間友好往來，互相交流，互相學習，彌補自身的不足之處。

把專業語言通俗化，說客戶聽得懂的介紹

Get The Point !

　　面對客戶時，不是三兩句就一個專業術語就表示你很專業。在面對不同類型的客戶時，要挑選適合客戶理解的語言，對文化程度較低或不懂行情的客戶，要把專業語言通俗化，做到通俗易懂，將一些專業性的詞語翻譯成客戶能聽明白的詞語，用簡單的、客戶所能瞭解並接受的語言對客戶進行介紹與講解。

現在網路用語和一些流行語鋪天蓋地般在網上盛行，像「婉君」、「踹共」、「魯蛇」、「土豪金」等，都有一定的含義，但是你若是對上了年紀的爺爺、奶奶說，他們可能就不知道你說的是什麼意思，舉個例子，你問爺爺菊花台怎麼樣，他張口就來了句，這酒我沒喝過啊。對不同的人就要說不同的話，在銷售中也要特別注意，如果你向文化水準不太高的人介紹產品時運用了大量的專業術語，他可能就聽不懂，那客戶又怎麼會想買你的產品呢？所以，在介紹產品時，一定要把專業術語通俗化，讓客戶能聽懂你的介紹，才能與他自己的需求成功連結，才會有想購買的行為。

1. 挑選適合客戶的語言

如果在銷售過程中，對客戶使用大量的專業術語，客戶在聽不懂的情況下可能就會排斥、不想聽。所以，你一定要選擇適合客戶理解的語言，把專業用語通俗化，讓客戶能聽懂你的介紹。

👍 在跟客戶溝通的時候，要瞭解一下客戶的基本情況，瞭解客戶的關注點，同時判斷客戶的類型。如果是屬於文化水準較高，通常是比較相信權威證明的客戶，就可以適當地用專業語言介紹產品；如果客戶不是很瞭解產品，那麼你就必須用通俗的語言介紹產品。

👍 介紹產品時可以用一些比喻、舉例的手法，方便客戶想像。

2. 如何讓客戶聽得懂

產品介紹不要求要講得多有專業性，但一定要讓客戶聽得懂，如果客戶聽起來如墜五里霧中，他怎麼可能會就這樣稀裡糊塗地購買你的產品呢？所以重點是要讓非專業人士聽得懂產品介紹，能聽出產品以及服務的賣點。

👍 在介紹產品時語言要儘量簡潔，要簡單明確，乾淨利索地把客戶最感興趣、最重要的資訊告知客戶。

👍 不要說一些專業性比較強的語句，要讓自己說出來的話盡量白話易懂，讓客戶能聽明白。

👍 將一些專業性的詞語翻譯成客戶能明白的用字遣詞，用簡單的，客戶所

瞭解、能接受的事物來講解。

3. 深入瞭解自己的產品

如果你不能用客戶聽得懂的話介紹產品，做不到把專業語言通俗化，就是你還沒有完全明白和瞭解自己的產品，產品知識瞭解得太少。

做為業務，想深入了解產品就必須走入工廠和市場，包括供應商，去了解工廠或銷售的產品，包括成品的規格、價格、材料及性能和特性，還有與同類產品的不同之處。這樣在面對客戶的詢問時，除了能及時回應外，還能做到盡可能地詳盡，像是：常見的有產品規格、單價、用料、裝箱資料等，還要了解產品的用途、材料的規格，有無特殊性等（比如布料的材質、規格、是否防火等），還有使用的注意事項等。

銷售員不能死記硬背地記住產品資訊，才不會連自己也不知道這專有名詞是什麼意思，要理解才能合理地運用產品知識。

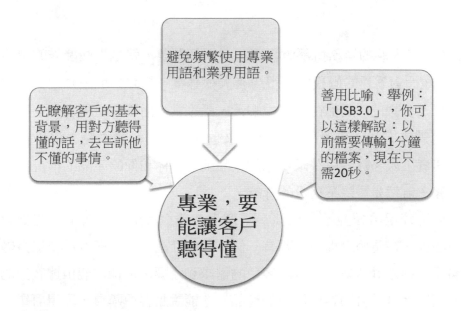

避免頻繁使用專業用語和業界用語。

善用比喻、舉例：「USB3.0」，你可以這樣解說：以前需要傳輸1分鐘的檔案，現在只需20秒。

先瞭解客戶的基本背景，用對方聽得懂的話，去告訴他不懂的事情。

專業，要能讓客戶聽得懂

 **27** 不僅要讓客戶參與產品演示，
還要詢問他的感受

Get The Point !

　　在銷售過程中，我們可以透過演示產品，來取得客戶對產品的認同。但一定要做好相關的準備工作，操作示範也必須經過多次演練，要保證產品演示百分百的成功。首先，要把產品演示所用到的東西全部都帶上，在產品演示的時候要展示出產品的特色，讓客戶看到產品的優勢。其次，要讓客戶參與到演示過程中，讓產品與客戶近距離接觸，或者讓客戶跟你互動，別忘記詢問客戶的感受，根據客戶感受適時地引導與勸購。

很多剛入職的業務員都會發現這樣一個問題，就是那些優秀的業務員在面對客戶的過程中，很少有人很專業、很詳細地去介紹自己的產品，而大多數的時間都在與客戶聊天、話家常，而正是這種看似「不務正業」的銷售方式，卻總是給他們帶來越來越多的銷售業績，這是為什麼呢？其實，大多數客戶在購買你的產品前，對你和你的產品的情況都不是很瞭解，自然是需要業務員的介紹。

　　然而產品介紹並不是業務員一個人的獨白和講解，而是一個雙向對話的過程。在這個過程中，要有一個良好的談話氛圍，與客戶要保持融洽的關係，透過談話來充分瞭解客戶的需求和意願，這樣才能根據客戶的需求，正確地推薦合適客戶使用的產品，才能說動客戶購買，取得訂單。這

也是每一個業務員都應該意識到的問題，那就是，在銷售時要善於與客戶互動，並讓客戶成為溝通中的主角。

×× 商貿公司是一家經銷數位電子器材的貿易公司，公司常常會不定期地開發表者向客戶展示新產品吸引。很多準客戶前來參觀、選購，公司也會在此時安排比較有經驗的業務員負責產品的介紹和推廣。

剛剛入職一個月，還沒有業績的小劉在這次發表會上負責簡單的接待工作。臨近中午的時候，一位中年男子細心地看著每一台照相機。這時現場上只有小劉一個人，其他同事都去吃飯了。於是小劉只好硬著頭皮上前詢問客戶：「先生，您好！您對這款相機感興趣嗎？」

「嗯，是的。」對方禮貌地回答。

「那好，我來向您介紹　下。這款相機是 ×× 品牌的 N95 型號，屬於多功能一體機，可以照相、錄影，還能 wifi 上網，是去年十月剛剛上市的產品，目前的價格是 ×× 元。這款機器設計非常先進，您還可以從網上下載美顏軟體，美化您的照片或是添加情境效果，還有……」小劉滔滔不絕地介紹著產品，客戶時而看看相機，時而看看小劉，彷彿是一個局外人。

不一會兒，客戶打斷了小劉的介紹：「不好意思，小夥子，你說這些我基本都瞭解，我先隨便看看，謝謝！」說完就轉身離開了。

可以想像，會想來參加發表會的客戶，一定都是有需求的準客戶。但可惜的是，小劉只顧滔滔不絕地介紹產品，而忽略了與客戶的互動。雖然他的介紹每一句話都與產品有關，但基本上都是個人的獨白，無法引起客戶的興趣，只能遺憾地錯過這個準客戶。

一家賣洗滌靈產品的商店櫃檯前圍著好多人，怎麼回事呢？原來是銷售員分別用兩個盛有水的盆子，清洗兩個看上去幾乎一樣的蘋果，一個盆中是清水，另一個盆中放有洗滌靈，結果發現放有洗滌靈那個盆裡的水

變髒了，許多消費者在看過這場演示後都爭相購買那個牌子的洗滌靈。

　　以上業務員所用的推銷方法就是產品演示法，這種方法可以迅速吸引客戶，讓客戶立即看到、感受到產品的特色。以下將教你如何熟練地運用這種方法。

1. 在產品演示之前要做好準備工作

　　「臺上一分鐘，台下十年功」，我們看到演員的演出很精彩，可是為了這精彩的演出，他們在幕後可都是做足了大量的準備。不管做什麼事，只有提前做好準備工作，才能讓事情變得很順利。在向客戶演示產品時，也要做好充足的準備工作，這樣才能讓產品演示順利圓滿地完成。

👍 不要貪心地想把產品所有的特性都準備演示出來，要讓演示簡單化，突出一部分特性，這部分特性對客戶而言必須具有很高的價值。

👍 要預先設想客戶會問關於產品的哪些問題，演示的產品特性將如何幫到客戶，客戶使用你的產品後，會得到什麼好處。

👍 在產品演示的過程中，你要說些什麼？這些都要事先打好腳本。

👍 演示必須經過多次演練，這樣可以提高你的熟練度，也可以排除一些意外情況的發生。

👍 把產品演示所要用的東西全都帶上，因為你不確定對方有沒有這些設備。

👍 演示之前要調整自己的心態，不要緊張，要深呼吸，盡力讓自己做到平靜、放鬆。

2. 產品演示很重要

銷售專家們認為，產品的演示和示範，最能讓客戶親眼看到產品的價值所在，容易激發客戶的興趣。這種方法在銷售方式中佔據重要作用。那麼，在產品演示的時候，要注意什麼呢？

👍 要保證產品演示百分之百的成功，一旦演示失敗就宣告你徹底地失敗了。

👍 產品演示必須有一個固定的流程，簡單易懂，讓客戶看明白。

👍 在產品演示的時候要展示出產品的特色，讓客戶看到產品的優勢。

👍 演示的過程中要和客戶互動，可以適當地向客戶拋出問題。

👍 創新地使用比較戲劇化的演示方法，但記住千萬不要太過誇張。

👍 要注意演示中的細節問題，如聲音要慷慨激昂、表情要認真等，因為這些會給你的客戶留下深刻的印象。

3. 要讓客戶參與到產品演示

一名業務員在介紹自己的產品時，不是像其他業務員一樣介紹產品的外觀、價格、安全性等方面。而是別出心裁地拿著幾個樣品跑到客戶的主管辦公室，讓那位主管用打火機直接對產品進行燒烤，在經過親自試驗發現產品果然不怕火燒的特性，對產品產生了濃厚的興趣，從而購買了他的產品。這位業務員就是運用了產品演示的方法，讓客戶直接參與，讓客戶切身體驗到產品的性能。產品演示不僅展示了產品的魅力，還能強化業務員的可信度，讓客戶放心購買。

👍 讓客戶使用產品。例如，我們在買化妝品的時候，櫃姐往往都會先用樣品在你的臉上試用一下，因為只有真實地使用過了，才能感覺出產品的性能。

👍 在客戶使用產品時，要適時且有意地引導客戶，詢問客戶的興趣，讓客戶親自感受出產品的特點。

👍 讓產品與客戶近距離接觸，讓客戶評價產品。例如，你可以在菜市場周圍擺攤試水溫，讓客戶先免費體驗，客戶試用過之後，發現有很大的使用價值，肯定會爭相購買。

4. 記得不時詢問客戶的感受

當我們去超市購物的時候，常常會看到銷售員把新鮮的優酪乳倒在紙杯中，讓過往的消費者免費品嚐。待客戶品嚐後，銷售員就會問客人：「優酪乳是什麼口味的？有什麼樣的感受？」根據客戶的口味和喜好，銷售員向客戶推銷不同口味、不同品牌的優酪乳，最後客戶往往會買到他們喜歡喝的優酪乳。

在銷售過程中，可以讓客戶先試用或者體驗產品，然後詢問客戶的感受，根據客戶的感受，看是否要調整介紹其他產品，讓客戶買到合適的產品，滿意而歸。

👍 讓客戶參與到產品示範中，不僅能吸引客戶的注意力，還能炒熱現場的氣氛。

👍 在客戶使用產品後，一定要留意客戶的反應，詢問客戶的感受，傾聽客

戶的意見，根據客戶的感受進行恰當合宜的勸購。

👍 讓客戶親自體驗產品。客戶只有對產品有一些切身的體會之後，才能在心中對產品有一個具體的印象。要讓客戶親自感受產品的性能和特點，滿足他們的心理需求。

👍 讓客戶參與到問答活動中來。在你介紹產品時，在描述產品性能之後提出一些問題，以吸引客戶的注意力，讓客戶更加參與到產品展示中，而你也能更好地控制產品展示的場面，活躍現場的氣氛，引導客戶心理，讓其最終做出購買決定。

👍 試用產品後瞭解客戶的意見。客戶試用產品後你還要及時觀察、詢問客戶的反應，傾聽客戶的意見，適時對客戶進行勸購。

👍 銷售就是一個與客戶互動的過程，既要有來言，也要有去語。銷售中互動的關鍵在於讓客戶參與其中。應盡可能地增加客戶親身體驗的機會，這是提高溝通效率的重要部分。

 **28** 揚長避短，
重點抬高產品的使用價值

Get The Point !

　　介紹產品時，要讓客戶看到產品的價值。業務員可以直接告訴客戶產品能帶來的好處，讓客戶明確感受到產品的價值。此外，還要揚長避短，重點強化、突顯產品的使用價值，利用產品本身的優點和特色，塑造產品和產品文化；增加產品的價值，讓產品與環境巧妙地融合；要提升產品的品質，只有這樣才能吸引更多的客戶。

　　個產品如果能為客戶解決生活中的不便和難題，能夠給客戶帶來利益，客戶就會有很大的購買欲望。因為對於客戶來說，產品的外觀、性能、材料等都不是最主要的，他們最關心的問題就是產品能給他們帶來什麼利益，有沒有價值、能不能解決他們的困境。所以，業務員首先要讓客戶看到產品的價值，產品才有可能賣得出去。

1. 讓客戶看到產品的價值

　　在古代的時候，雖然沒有錢，但是人們可以透過以物易物的方式來滿足自己的需要，例如一隻雞可以換二尺布，也可以換四斤米，因為這些東西有很大的使用價值，可以滿足人們最基本的物質需求。產品最基本的價值就是使用價值，在銷售過程中，唯有讓客戶認識到產品具有很高的使

用價值，才能吸引客戶。

👍 在介紹產品時，要告知客戶你的產品能給客戶帶來什麼樣的改變或好處，讓客戶感覺到產品的價值。

👍 一件產品可能會存在很多價值，那麼就需要業務員針對不同的客戶推薦產品的不同價值，最主要的是展現出產品的核心價值。

👍 在介紹產品時，可以直接告訴客戶產品能帶來的好處，讓客戶對產品有初步的瞭解。

👍 業務員要瞭解產品所有的功能和價值，當主要價值不能打動客戶時，可以介紹產品的次要價值。例如，一條圍巾的核心價值是保暖，當客戶並不是那麼特別在意圍巾的保暖性時，可以轉而強化圍巾的裝飾價值、突顯它的款式或流行性，那麼就有可能打動客戶。

2. 揚長避短，重點強化產品的使用價值

　　一把笨重並且樣式老舊的斧子怎麼賣給別人呢？在介紹這把斧子時，就要告知客戶這把斧頭鋒利無比，在砍柴、砍樹的時候不用花費很大的力氣，輕輕鬆鬆就能快速幹完活，對於經常做這些工作的人來說，就會對這把斧頭產生很大的興趣。產品不可能都是十全十美的，產品本身也一定存在著長處和短處，在銷售時，要盡可能做到揚長避短，重點強化產品的使用價值，這樣才能有效地打動客戶，買下你的產品。

👍 業務員可以為產品注入感情，給產品取一個帶有情感內涵的名字，或者

讓產品背後有一個感人的故事。例如，鑽石的經典銷售語是：「鑽石恒久遠，一顆永流傳」。讓堅固的鑽石象徵著堅不可摧的愛情，這樣客戶就爭相購買了。

👍 銷售員要塑造產品和產品文化，利用產品本身的長處和特色，加大宣傳，形成自己的品牌文化。例如，法國依雲天然礦泉水能打破常規一瓶可以賣到好幾十元，不僅是因為依雲礦泉水喝起來口感潤滑，而且與之相關的傳奇故事吸引了大批客戶，逐漸形成了依雲文化。

3. 增加產品的附加價值

「每個成功的業務員都明白一個道理，你賣的不是產品本身，而是產品帶來的利益和價值。」只有利益和價值才能吸引客戶。如果你去旅店住宿，卻意外收到了老闆送的生日禮物，你是不是感到很驚喜，日後是不是還會到這家旅店來？增加產品的附加價值，可以讓客戶更加欣喜地掏錢購買了。

👍 在銷售產品時，業務員可以提供具有組合價值的產品。例如，在銷售手機時，可以搭配旅行充電組、貼膜等。

👍 在保證主體產品不降價的同時，可以附贈一些其他周邊產品。例如，在銷售電腦時，可以贈送滑鼠或者隨身碟、防毒軟體等，讓客戶既能感受到價值，又能感覺到享受了優惠。

👍 要引導客戶，讓客戶認知到產品的價值，而不是和客戶糾纏產品到底值多少錢。

👍 讓產品與環境巧妙地融合，恰當的包裝或展示設計可以提高產品的價值。例如，一件衣服在精品店可以賣到 1500 元，在地攤上只能賣 499 元。

數字比文字更權威，
讓客戶看到客觀的證明

Get The Point !

在銷售過程中，業務員可以利用數字進行銷售，學會用自己的話詮釋數字。此外，還要站在客戶的角度使用數字，分析數字背後的意義，這樣客戶才更容易接受。不要用空泛的詞語而是要使用具體的數字，這樣才能客觀地向客戶證明產品的價值。

數字可以使我們要說明的事物更加具體、準確，同時具有科學性，更加有說服力。有的時候，數字比文字更加權威，更容易讓人相信，所以在銷售時，我們可以有效地利用數字，讓客戶看到客觀的證明，這樣才能信任我們，相信我們的產品。

1. 用數字證明公司的規模

某保險公司業務員向客戶介紹保險，客戶有些遲疑地說：「你們公司好像不是很有名，是屬於小公司吧，如果我要是出現意外，公司會支付我賠償金嗎？」業務員自然是明白客戶在擔心公司不規模，怕不能保障客戶的利益，於是拿出一份資料給客戶看，微笑著說：「我們公司是國內 500 強企業，集團註冊資本金 102 億元，目前有 20 家分公司開業運營，我們認真對待每一位客戶。」這位客戶看完公司簡介後，認為這家保險公司規

模大、值得信賴，便購買了保險。業務員可以用數字體現公司的規模、實力等，這樣證明了公司值得信賴，化解了客戶的擔心和疑慮。

2. 讓數字證明產品的配置

　　一位銷售員向客戶推某一款手機，當他在跟客戶介紹手機功能時，客戶問他手機畫素怎麼樣？他回答客戶說：「這款手機畫素特別的清楚，你出門旅遊的時候，能幫你把看到的景物無比清晰地拍攝下來。」客戶又問手機多大，他告訴客戶：「手機特別大，拿在手上正好合適。」客戶又問手機反應快不快，他告訴客戶，「手機反應特別快，手指輕輕一滑就可以了，上網玩遊戲一點都不卡。」如果你是這位客戶，你會想要買他的產品嗎？當客戶對手機功能和規格比較關心時，這位銷售員只是用語言進行描述，這樣客戶無法客觀得知手機真實的情況，自然也就無法讓客戶安心。所以這時必須用數字，讓客戶看到客觀的證明，他才會放心購買。

👍 在介紹產品時，可以攜帶相關的資料證明，例如手機的產品說明書、手機配置表等。

👍 當客戶問到關於產品的問題時，最好運用數字給予明確答覆，例如客戶問電池能用多久，你就要告訴他能續航 5 天。

👍 要詳細瞭解產品的參數、配置、規格等，當客戶問到的時候，可以準確地告訴客戶。

👍 要瞭解其他產品的參數、配置等，然後用對比的方式告訴客戶。例如，你告訴客戶其他手機畫素是 800 萬的，而你手上看的這款是 1300 萬的。

3. 讓數字證明產品的銷量

當我們在網上買東西的時候，因為不知道這件產品品質如何而不敢購買，那麼首先一定要看看產品的銷售情況，如果產品的銷量非常高，一般情況下就會放心購買。好的產品不一定有很高的銷量，但銷量高的產品一定是好產品。當我們在向客戶推銷產品時，不妨讓客戶看一下產品的銷售量，當客戶看到銷售量是如此多的時候，就會放心大膽地購買了。而準確的數字則是側面向客戶證明了產品的品質。

👍 可以事先就把產品的銷售量繪製成表格，讓客戶清晰地看到產品的銷售情況。

👍 可以事先取得自家產品在市場中的佔有率，瞭解其在同類產品中的占比。

30 別說產品是百分百的好，要給自己留後路

Get The Point !

　　銷售員在推銷自己的產品時，可以適當地誇大產品的優勢，用產品的特殊優勢去吸引客戶，但一定不要過分誇大產品的優勢，不要一味說自己的產品好，但也不要隱瞞產品的缺陷和不足。要主動說明產品存在的一些缺陷和不足，態度一定要認真、誠懇，讓客戶容易接受，同時還要養成良好的銷售習慣與職業道德，對待客戶要誠實守信。

　　事物都有正反兩個方面，沒有一種產品是十全十美的，你所銷售的產品即使再好，也會存在一些缺陷和不足。當一些客戶問到產品的缺陷時，你是如實相告還是選擇刻意隱瞞呢？

1. 別說產品是百分之百的好

　　當客戶面對各式各樣的產品時，怎樣讓自家的產品在眾多的產品中脫穎而出，贏得客戶的青睞呢？這就要把產品的優勢盡可能地為客戶說明，讓客戶看到產品的優勢，引發客戶對產品的興趣，但不要過分誇大產品的優勢，不要告知客戶產品百分之百好，沒有一點兒缺陷和不足。沒有一件產品是十全十美的，就算客戶當時不知道，在日後的使用過程中也會發現的。當客戶意識到你欺騙他的時候，你就不會再有第二次為他服務的機會

了。

👍 你可以適當地誇大產品的優勢，去吸引客戶，但一定要把握好度，如果銷售員過分誇大，一味地說自己的產品是百分之百的好，會讓客戶產生被騙的心理，對你失去了信任。

👍 在介紹產品時可以突出產品的品牌，要重點突出產品的口碑、服務、品質和性價比。

👍 在向客戶介紹產品時，可以把產品的獨特優勢如設計、功能、外觀等和其他產品做比較，讓客戶對你的產品情有獨鍾。

2. 不要刻意隱瞞產品的缺陷

秦小姐到一家商場購物，看中一款時尚上衣，衣服的品質、款式她都很喜歡，但是發現衣服的領子、袖口有很多褶皺，影響了衣服的美觀，就打算再去看看別的衣服。銷售員見機在一旁說明：「小姐，這件衣服品質挺好的，這款一直都賣得很好，這些褶皺是長時間積壓導致的，這樣吧，價格給你優惠一點，給你打九折。」

秦小姐想了想，點點頭，銷售員繼續說：「其實，這只是一個小問題，我們平時穿久了的衣服，不也這樣嗎？我給你免費處理一下，不會影響外觀的。」

這名機靈的銷售員，因為看出了客戶有購買的意向，不過是想利用衣服存在的一點瑕疵為藉口，想以此殺價。所以才順水推舟順應客戶的心理需求，不但滿足了客戶「想壓低價格」的目的，也順利賣出了衣服。

任何一種產品都不可避免地會存在一些缺陷。在客戶看來從來就沒有完美無缺的商品，因此，正視這些問題，敢於承認，敢於面對，不要執

意隱瞞。否則，一旦被客戶發現真相，即使業務員再做多少解釋，都很難挽回客戶的信任，最終的結果只能不歡而散。如果你一味地誇耀產品的優勢，而對產品的缺點刻意迴避，正好激發了客戶的這種心理抵觸情緒。如果這樣，你的產品不僅在客戶心中無法得到美化，反而會引起更多的疑慮。

為了避免客戶產生這種疑慮，業務員必須主動說出一些產品存在的缺陷和不足。而且在述說的過程中，態度一定要認真，讓客戶覺得你夠誠懇，更值得信賴。如果這些問題無關大礙，對方往往是可以接受的。

👍 當客戶對產品存在的弱點比較在意的時候，業務員不要強詞奪理、故意隱瞞產品的缺陷，可以適當進行減價，滿足客戶想便宜些的心理需求。

👍 要主動說出一些產品存在的缺陷和不足，但是態度一定要認真、誠懇，讓客戶覺得你可以信賴。

👍 當客戶提出產品存在問題時，這時就一定要把出現這種問題的原因解釋清楚，有的是客觀原因造成的可以改變，有的弱點是為了突出優點而不可避免的。例如，衣服上出現小髒點，這個原因就是人為造成的，可以清洗掉。

👍 要注意場合和情況，實話實說的同時還要掌握一定的技巧，有些問題不要全部告知客戶，尤其是涉及商業機密的。

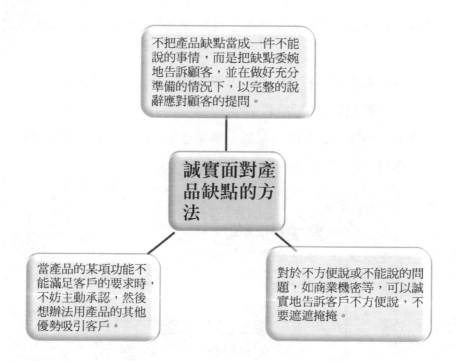

不把產品缺點當成一件不能說的事情，而是把缺點委婉地告訴顧客，並在做好充分準備的情況下，以完整的說辭應對顧客的提問。

誠實面對產品缺點的方法

當產品的某項功能不能滿足客戶的要求時，不妨主動承認，然後想辦法用產品的其他優勢吸引客戶。

對於不方便說或不能說的問題，如商業機密等，可以誠實地告訴客戶不方便說，不要遮遮掩掩。

3. 養成良好的銷售習慣

優秀的業務員必須為產品說實話，他必須承認，產品既有優點也有不足的地方。一些業務員為了能儘快賣出產品，會對產品固有的缺點和不足加以隱瞞，有的更會欺騙消費者，這樣會嚴重損害公司的利益，把公司以後的發展推入絕境。

👍 對客戶承諾的事情一定要做到，為自己說過的話負責，哪怕是很小的事情，也要說到做到。

👍 將產品的適用範圍與客戶說清楚，對不符合客戶要求的產品也要和客戶說明白，不要為了銷售產品而刻意隱瞞，不然會給公司的信譽帶來不利的影響。

👍 業務員要及時發現問題，當問題出現時要及時告知客戶，並馬上進行處理。

👍 對於客戶的質問，不要直接反駁，哪怕客戶最後突然改變主意，也不要指責客戶，要表達你的理解和關切。

👍 讓產品始終保持最佳狀態，可以多擦拭產品上的灰塵等，讓產品看上去乾淨有賣相。

應避免的話術

> 「您的孩子報名了我們的課程後，保證英語能考滿分。」

> 「我們的衣服您請放心，穿上十年八年的都不會破！」

> 「您放心好了，我們這個投資型保單包準百分百獲利，穩賺的。」

 31 客觀認識競爭對手，永遠不要在客戶面前攻擊他們

Get The Point !

在市場競爭中，我們首先要瞭解自己的競爭對手，瞭解競爭對手產品的種類，他們的產品都有哪些特色等。此外，對競爭對手的談論要保持客觀立場，不要帶主觀情緒地去評價競爭對手，不要在客戶面前攻擊和誹謗競爭對手，可以給予競爭對手適當的讚美，以謙和態度向競爭對手學習，取長補短，彌補自身的不足，讓自己更快地成長。

比爾・蓋茲說：「一名好員工應密切注意公司競爭對手的發展，對競爭對手產品的好壞和經營的有無效率均要努力瞭解。」一個企業要想長期發展，就必須瞭解自己的競爭對手，只有客觀地認識和瞭解競爭對手才能在無比激烈的商業競爭中做到遊刃有餘。那麼，怎樣才能客觀地認識競爭對手呢？

1. 只有瞭解競爭對手才能戰勝對手

1977 年，地鐵工程的專案競投是中國香港地產界最浩大的公共工程，引起了當地地產界巨頭的普遍關注，當時最有希望競標成功的就是「置地地產」，從資金、實力上來說都無人與之抗衡。而長江實業的李嘉誠透過對置地地產的認真分析，發現置地地產目空一切，在分析了置地地產的弱

點後,李嘉誠認真研討地鐵公司招標的真正意向,制定了對地鐵公司有利的條款,最後李嘉誠成立不過六年的長江實業地產,卻在這次競標中擊敗所有競爭對手。由此可見,只有充分瞭解競爭對手才能在銷售中處於不敗之地。

👍 瞭解競爭對手產品的種類,分析他們的產品都有哪些特色。

👍 用自己的產品和競爭對手的產品相比,透過 SWOT 分析自身產品的優點和缺點是什麼,知道自身的不足,然後加以改善,加快產品的升級。

👍 研究競爭對手的產品在市場中的市場占有率及銷售情形,有沒有新產品正在研發。

2. 不要攻擊競爭對手

　　生意場上存在無數競爭,但是競爭必須在正當手段的前提下進行,如果為了自己的利益而攻擊競爭對手,可能會引起客戶的不滿和反感,在競爭面前,我們要靠自己的實力和產品的品質來贏取勝利而不是靠攻擊和誹謗競爭對手。

👍 對競爭對手的談論要限於客觀範圍內,不要帶有主觀情緒地去評價競爭對手。

👍 可以給予競爭對手適當的讚美,不要過分深入,否則很可能替競爭對手做宣傳。

👍 如果從客戶口中得知,競爭對手曾經對你及公司有過不好的評價,要表

現得寬容大度，不要斤斤計較。

👍 當客戶對競爭對手各種讚美而對你不滿時，不要急於辯解，更不要和客戶爭辯，要認真傾聽，從中聽出客戶的意思，然後再根據自身產品的優勢去引導客戶，或者可以轉移話題。

👍 要對競爭對手有客觀、全面的瞭解，這樣才能突出介紹的重點，讓自己的優勢得到客戶的認可。

👍 對於競爭對手的缺點和問題不要幸災樂禍，更不要誇大，要實事求是。

3. 向競爭對手學習

日本企業家福富先生，剛進入一家公司工作時年僅十七歲，其他同事都有豐富的經驗，而他年紀輕、經驗少，經常受到老闆的訓斥。但他沒有像別人那樣逃避，在面對老闆和老員工時總是躬身行禮，很謙虛地說：「我哪些地方做得不好，請您多多指教。」老闆和同事前輩礙於情面便指出他應該注意和改進的地方，而他也很虛心認真改進自己的不足。

兩年之後，他被老闆升為公司的部門經理。他的成功是因為他虛心地向競爭對手學習，注重學習的細節，把對手的經驗變成自己的經驗，最終獲得了成功。

在銷售過程中，我們也要不斷地向競爭對手學習，與競爭對手取長補短，共用資源，共同進步。

 **把握產品的核心賣點，
將其昇華為亮點**

Get The Point !

業務員要充分瞭解自家公司的產品，包括產品的外觀、體積、重量、視覺、包裝、手感等，還要瞭解產品的結構、製造技術以及未來發展前景。只有全方位地瞭解產品，才能找到產品的核心賣點，在包裝、行銷方案上加以宣傳，從而突出和強化產品的核心賣點。此外，產品的核心賣點要與同類產品和競爭產品區別出來，必須有自己的獨特之處。

在整個銷售過程中，向客戶介紹產品也是非常重要的一個環節，同時也是影響客戶做決定的關鍵階段。在這個階段，如果業務員可以賣力地生動描述，再加上讓客戶的親身嘗試、體驗，讓客戶知道產品到底好在哪裡，通常能順利激起客戶強烈的購買欲望，從而加快成交進程。如果只用泛泛的「好」來描述產品，是無法說動客戶買單的。

王軍開了一家旅行社。一天，一家廣告公司來談業務，恰巧王軍想在這家公司代理的一家報紙上登廣告，於是王軍會見了這位業務員。

業務員見到王軍，怯生生地說道：「王總，您好，我是 ×× 廣告公司的銷售代表小夏。」她將手裡的資料交給王軍，並且簡單介紹了相關版面的報價。

王軍一邊翻看資料一邊質疑地問道：「你們這個報紙做旅行社的廣

告怎麼樣呀？效果明顯嗎？」

小夏真誠地回答道：「我們這個報紙挺好的，對旅行社的宣傳效果也挺好的。」但是接下來就再沒有說別的話了。

「是嗎？我看跟其他報紙都沒什麼區別！」王軍翻看了一會兒便把資料交給女孩，「我再考慮、比較一下吧，決定了再給你打電話。」

聽到王軍這樣說，小夏滿臉遺憾地說：「哦，這樣，其實我們這個報紙的宣傳效果真的挺好的……」小夏表現得束手無策，最後不得不無奈地離開了。

其實，王軍的確是想要在平面媒體上做些宣傳，預算都已經做好了，而且聽說那家報紙的宣傳力度也不錯，他只是想具體瞭解一下這家報紙的細節問題。但是這名業務員卻沒有抓住這個好機會，只是泛泛地以「好」來描述自己的產品和服務，結果錯失了成交良機。

案例中的小夏所暴露出的問題其實在很多業務員身上也存在，特別是那些剛剛走進銷售領域的人。毫無疑問，產品的「好」必須要讓客戶知道、感受到，但是所謂的「好」不是高、大、空，而是實際、明確和顯而易見。

要讓客戶知道產品的好，就不能很抽象地光是說「好」、「很棒」，而是要詳細準確、細緻入微，讓客戶聽到好、看到好、感受到好，這樣產品的好才算傳達給了客戶，才能真正吸引客戶，也才算是執行到位。那麼，要如何介紹，才能真正把產品的「好」傳達給客戶呢？產品的核心賣點是產品核心價值的外在表現，是傳遞給消費者最重要的產品資訊，如果產品缺乏好的核心賣點，就無法在眾多的產品中突顯出來。缺乏賣點的產品，就像「茶壺裡的餃子，有嘴倒不出來」，即使產品再好，也沒有人知道，給企業的發展帶來致命的傷害。那麼怎樣才能把握住產品的核心賣點，有效地吸引客戶呢？

1. 介紹產品的優點時也要言簡意賅

　　沒有哪個客戶願意且有耐心地聽你長篇大論地說產品如何好，即便產品真的有你說的那些優點，他們也希望用最簡短的時間，聽到你最精確和特點突出的介紹，以最快的速度瞭解產品的特點。

　　所以你在介紹產品時，首先就要做到簡單明瞭，這樣能更有效地突出產品的特性，也容易給客戶留下深刻的印象。

- 👍 「這種數位影印機掃描一次，就可以複印多份。」
- 👍 「用這種炒鍋炒菜無油煙，也不會糊鍋。」
- 👍 「這種靠背是尼龍製的，經久耐用。」
- 👍 「只要按下啟動就會自動地把家裡地板掃乾淨。」

　　在介紹產品，你應該注意以下問題。

- 👍 如果客戶對你的話感到不耐煩，甚至已經準備離開，那麼你就要停止介紹，開始挑重點、挑客戶愛聽的講，去掉那些沒用的話。
- 👍 不要用太多客戶可能聽不懂的專業術語介紹你的產品優點，這樣反而會讓優點失焦，讓客戶感受不到產品的價值。
- 👍 不要拿產品說明書介紹產品。這會讓客戶覺得你沒有真心把他的需求放在心上、擺在第一位。

2. 針對客戶的受益點做著重說明

　　客戶最關心的是自身利益，所以針對客戶的受益點做強調說明，遠遠比單純介紹產品的優點更能吸引客戶關注。將產品的優點與客戶受益點相結合，才最能打動人心。通常情況下，客戶對產品的普遍需求主要包括

以下幾點。

👍 基本的安全和健康需求。

👍 為了改善個人形象、提高身份象徵。

👍 能夠替他們節省金錢、時間和精力。

👍 可以提升或保持他們的財物價值。

　　當然，每個客戶的具體需求都不同。但是只要產品的某一點能滿足客戶的需求，那麼即便產品存在一些不足，他們也十分樂於接受。如果你只是不停地講解產品的賣點，是無法引起客戶的興趣，一定要讓客戶了解到那些產品特性真的對自己有好處。

　　所以在介紹產品時，我們應該深入客戶的內心深處，認真琢磨產品的特性是如何能夠使客戶受益的，將滿足客戶需求為主軸，然後針對客戶的實際需求和產品特性集中展開介紹。

3. 瞭解產品的核心賣點

　　汽車剛剛開始在歐洲出現的時候，為十八世紀中葉時最出名的兩家馬車製造廠帶來了很大的困擾。一家廠商認為汽車的出現帶來了競爭，決定加大力度把馬車改造得更漂亮；而另一家廠商認為，馬車就是作為代步工具為人民服務的，而汽車可以更好地為人們服務，於是他們也開始走進汽車領域。最終賣馬車的企業已經倒閉，而另一家則成為世界著名的汽車企業。對於企業來說，產品要滿足人們的需要，為人們提供服務，「產品的核心價值」是消費者願意花錢來購買產品的根本原因。要確定產品的核心賣點，就不能片面地看產品，而是要全方位地理解產品，這樣才能找到

產品的核心價值。

👍 瞭解產品的外在，包括產品的外觀、體積、重量、視覺、包裝、手感等，因為產品的外觀會首先呈現在消費者面前。

👍 瞭解產品的內在，包括產品的結構、技術工藝和步驟，知道產品生產的工序，以及未來的發展前景。

👍 瞭解產品的附加價值，如服務、承諾、榮譽、象徵的身份地位等，這些因素也會影響客戶的選擇。

4. 強化產品的核心賣點

　　當你去超市選購洗髮精的時候，看到各式各樣的洗髮精整齊地排列在你面前，有去屑的，有保濕的，還有使頭髮更烏黑亮麗的，你會選擇哪一款呢？首先你肯定會根據自己髮質的需要進行選擇，如果你有頭皮屑的困擾，就會選擇去屑的。產品的核心賣點會體現在產品的傳播上，而產品核心賣點的傳播總是給消費者留下最深的印象。所以，把握產品的核心賣點，然後昇華成亮點，在眾多的產品中打動我們的消費者。

👍 在銷售過程中，向客戶介紹產品時，可以突出和強調產品的核心賣點。例如，在銷售天然洗髮精時，可以突出和強調洗髮精的天然有機製程、不含矽靈不傷身；在銷售淨水器時，可以告訴客戶水是甜的，能調整人體體內 PH 值。

👍 在向客戶介紹產品時，可以從原材料入手。例如，在介紹木質地板時，

可以強調是採用防火、防潮、超耐磨的材料製成。

👍 向客戶介紹產品時，可以從產品的品質入手。例如，業務員在推薦 HTC
手機時，可以告訴客戶手機品質好，防磨耐摔、功能強等。

👍 介紹產品時可以從價格入手，突出自己的產品比同類產品價格低。例如，
在銷售華碩手機時，可以拿其他產品對比，以突顯此款手機物美價廉、
CP 值高的優點。

👍 介紹產品時，要體現產品獨特的功能和特色，與同類產品相比自身產品
存在的優勢，呈現出自家產品的獨特之處。

33 喚起客戶的好奇心，讓客戶心動

Get The Point !

在銷售產品時，不要一下子就把產品的全部資訊都告訴客戶，要學會適當地保留，想方設法引起客戶的好奇心；還要學會出奇制勝，可以用外表、口頭語言、肢體語言、行為、禮儀等元素來喚起客戶的好奇心；還可以向客戶提出一些刺激性的問題，激起客戶的好奇心。此外，對產品進行創新也十分必要，生產別致新穎的產品，讓產品產生差異化，從其他產品中突顯出來，讓客戶不心動都難。

當你在街上閒逛的時候，突然看到前面有好多人在圍觀，把路擠得水泄不通，這時你就會想他們在看什麼呢？並且產生也過去看一看的想法。這就是你的好奇心在作祟。沒有人能抵擋住好奇心的誘惑。在銷售時，我們可以利用觸動客戶的好奇心，讓客戶對我們的產品感興趣。那麼，怎樣才能喚起客戶的好奇心呢？

1. 出奇才能制勝

好奇心是人類的天性，是人類行為動機中最有力的一種。如果客戶對你是誰及你能為他們做什麼感到好奇，你就已經成功挑起他們的好奇心了。相反地，如果他們一點也不好奇，你將寸步難行。因此，當你在拜訪

客戶的過程中，可以先活絡一下氣氛喚起客戶的好奇心，引起客戶的興趣和注意，進而再談到買賣上。

人們總對新奇的東西感到興奮、有趣，都想「一睹為快」。所以我們可以利用這一點來吸引客戶的好奇心。例如，「程總，我們將要推出一款新產品能讓使用者更快又有效率地找到目標客戶、管理自己的客戶資訊。邀請您先來體驗一下，看看這款軟體適不適合貴公司使用。」如果你的新產品給用戶帶來便捷，那麼，客戶提前瞭解就顯得至關重要。你還可以告訴客戶你將限制參與的客戶數量並簽訂「保密協議」，從而使你的資訊更具有獨特性。

因此，根據你採取的拜訪方式的不同，你可以採用不同的激發客戶好奇心的策略，有不少方法可以幫你做到這一點，只要能讓你的客戶感到好奇，你就可以發展更多的新客戶，發現更多的需求，傳遞更多的價值，銷售業績也會大大提高。

如果你能激起客戶的好奇心，你就有機會創建信用，建立客戶關係，發現客戶需求，提供解決方案，進而獲得客戶的購買機會。

👍 可以利用外表、口頭語言、肢體語言、行為、禮儀等元素來喚起客戶的好奇心。

👍 要先瞭解客戶的興趣愛好、特殊需要、特殊問題等，在利用這些手法時，要把握好尺度的掌握。

👍 為客戶提供新奇的東西，人們對新奇的東西會感到有趣。

2. 用刺激性問題引起客戶的好奇心

　　提出刺激性的問題可以激發客戶的好奇心。例如，你可以說「我能問你一個問題嗎？」人們通常會很自然地回答：「好的，你說吧。」心裡還會想你會問些什麼問題呢？這就是人的天性，你可以說些能夠讓對方感興趣的事，通常一句話就能引起對方的注意，像是跟對方說：「猜猜會怎麼樣？」幾乎每個聽到你說這句話的人，都會停下手邊的事問：「會怎樣呢？」這樣你是不是就能暫時爭取到客戶的注意力了呢？此外，你還可以運用：「我可以請教你一個問題嗎？」也能收到同樣效果。

3. 不給客戶提供全部資訊

　　古時候的美女「猶抱琵琶半遮面」，蒙上面紗半遮半掩地勾起人們想一窺真顏的衝動，在好奇心的驅使下，讓人浮想聯翩。如果面容全部展現出來，還能引起人們對她的好奇心嗎？很多銷售員不厭其煩地向客戶介紹自己的公司和產品特色，殊不知當你提供了全部資訊的時候，會大大降低客戶進一步參與的欲望和衝動。所以在一開始的時候不宜提供全部的資訊，要學會適當地保留，再漸漸地激起客戶的好奇心。

顯而易見地擺出事實，讓客戶看到購買產品後的利益

Get The Point !

在向客戶介紹產品時，你要讓客戶看到產品的實際情況，包括產品的設計、顏色、規格等，準備相關的資料，如剪報、企業簡介、幻燈片、產品證明、證書等，用這些資料來證明產品，或者引用一些真實的案例來增加產品的真實性，或者可以利用圖片進行講解，還可以展示產品、對產品進行演練，讓客戶看到購買產品後的具體利益。

當你向客戶介紹產品時，如果只是跟客戶說產品具有很多的特色，可以幫助客戶實現很多利益，客戶將信將疑，卻不一定會選擇購買你的產品，因為他不知道，購買你的產品後是否真的像你說的那樣能夠帶來具體的利益，只有向客戶擺出事實，讓客戶看到購買產品後的具體利益，客戶才會放心購買你的產品。

1. 讓客戶看到產品的實際情況

以下有兩種賣健康鈦鍺手環方式。第一種是向客戶口頭上描述產品的特色、性能等；第二種是帶上鈦鍺手鍊去向客戶推薦，你覺得哪種方法能得到客戶的認可呢？第一種方法哪怕你絞盡腦汁、用盡各種詞語向客戶解釋都不一定能打動客戶，因為客戶沒有看到產品，不知道你所說的是否

真實。第二種方法就不一樣了，你帶著產品去向客戶介紹，客戶能看到實實在在的產品，對產品的特徵有一個大概的瞭解，就會放心購買了。讓客戶看到產品的實際情況，經過觸摸和感受，客戶才能對產品有更清晰的認識和瞭解。

👍 銷售產品的時候，一定要帶一些樣品，這樣能客觀地讓客戶對產品有深刻的印象及瞭解。

👍 產品的原材料、設計、顏色、規格等，這些可以用眼睛觀察到的，你還可以一旁輔助說明產品的一些特徵。

👍 可以運用一些資料，如報刊、企業簡介、PPT、產品證明、品質認證書等，用這些資料來為產品背書，讓客戶看到價值。

👍 引用一些真實的事例增加產品的真實性和感染力。

2. 利用圖片講解產品

　　雪對於北方的小孩子來說並不陌生，在冬天的時候可以在雪地裡玩耍，但是對於南方的小朋友就顯得很遙遠了。如果南方的小朋友問你雪是什麼樣子的，你告訴他們雪是白色的，他們會認為雪跟鹽差不多；你說雪落入手掌會化成水，那他們又認為雪跟霜淇淋差不多。這時，該怎樣讓他們清楚地瞭解雪呢？拿出一張雪花的圖片或下雪的影片，他們就能明白雪是什麼樣子的了。如果產品太大或不合適實體展示，那麼運用圖片解說向客戶推銷產品是非常有效的，圖片有時候勝於語言。

👍 多帶一些關於產品的圖片，讓客戶清晰地看到產品。

👍 銷售員可以一邊拿著圖片讓客戶看，一邊對客戶進行詳細的解說，這樣能加深客戶對產品的印象，能生動活潑地吸引客戶。

3. 讓產品與客戶親密接觸

魔術師在表演魔術的時候，往往會讓觀眾親身參與到他的表演中。例如，魔術師劉謙在表演魔術的時候，讓觀眾隨機抽取一張牌並且記住，然後把這張牌燒掉，之後準確無誤地變出觀眾抽取的那張紙牌。讓觀眾親身參與不僅能證明魔術的神奇還會給觀眾留下深刻的印象。在介紹產品時，業務員可以讓產品與客戶進行親密的接觸，讓客戶看到產品特色，看到購買產品後對他的具體好處，或是能改善目前的哪些不便。

👍 透過實物的觀看、操作，讓客戶充分地瞭解產品以及給客戶帶去的利益，但是在展示前一定要多次檢查產品，確定產品符合標準，並且還要做好備用品的準備，避免中途突然壞掉。

👍 透過產品演練的方法演示產品，但一定要頻繁演練，達到一定的熟悉度。

👍 最好能增加展示的戲劇效果，讓客戶加深印象。

4. 讓客戶看到購買後的利益

業務員即使很詳細地大力說明購買產品之後的利益和好處，可是客戶沒看到事實，可能會對業務員的介紹抱持半信半疑的態度。正所謂眼見為實，你要讓客戶看到購買產品後的具體利益。例如，你可以給客戶看產

品回饋表，讓客戶看到回訪客戶的好評度。

　　或是可以用事實為依據，把其他客戶購買產品後的使用情況、經驗分享講給客戶，告訴客戶購買產品能夠帶來的具體利益，當客戶聽到這些真實的案例後，就會對業務員和產品萌生信賴感，這樣才能促成交易。

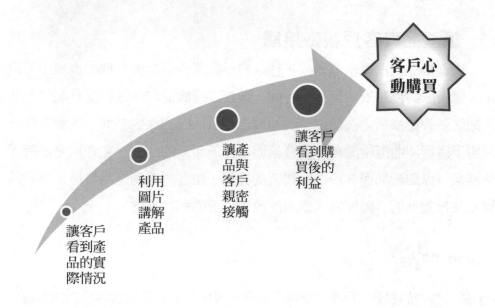

35 給客戶營造這樣的感覺：不買產品會是他的損失

成交法則

Get The Point !

在向客戶推銷產品時，要突出產品的優勢，可以告訴客戶產品的銷量以及受到的歡迎度，給客戶一種很多人都已經購買的心理暗示。另外，還可以透過打折促銷，讓客戶透過對比發現你所賣的產品價格物超所值，讓客戶滿意購買，要給客戶一種不買就是個錯誤的感覺。

我們在逛購物網站的時候，常會收到這樣的提示：「已有多少人購買，再不搶就沒貨了」，你就會想到底是什麼產品呢？當你打開頁面的時候，發現這件商品銷量高、評價也很好，而且上面寫著特價僅此一天，那麼你就會想這麼好的產品，如果不買絕對是個錯誤，然後心動地加入了搶購的行列。在銷售的時候，一定要讓客戶感受到產品物有所值，給客戶一種不買絕對會後悔，必須趕快搶購的衝動。

1. 透過特殊的字眼吸引客戶

王老師從來沒有買過菜，一次他的妻子生病了，讓他去超市買菜。在去超市的路上，他看見一位菜農，就走過去問菜農高麗菜多少錢一斤，菜農告訴他：「還是老價錢，一斤二十。」於是他買了三斤回家，回家後一問妻子才知道，自己買的高麗菜比超市貴一半多。他向妻子解釋說：「菜

農告訴我：「還是老價錢」，我當時就覺得菜很便宜沒有賣貴。」所以，一句菜農用習以為常的報價詞語形容價格，讓客戶一點兒也不覺得貴，甚至感到物有所值。

👍 將自己的報價折合成小單位，假設一件產品的價格是 3650 元，你可以告訴客戶，產品如果使用兩年，那麼每天花 5 元就能享受到產品所提供的服務，讓客戶更容易接受。

👍 明確告知產品的優惠套餐或者將產品進行搭配。

👍 適當地為客戶減價，或者舉行打折促銷，當客戶貨比三家時，發現你的價格比較低廉，就會選擇你的產品。

2. 突出產品的優勢

很多地方都有賣烤鴨的，但是為什麼全聚德的烤鴨就比較貴呢？因為在全聚德會有一個大師傅為你片鴨，一刀刀不多也不少，正好 108 刀，與其說吃烤鴨，還不如說吃的是刀功。iPhone 為什麼價格比較貴卻還能一直暢銷呢？首先 iPhone 的品牌知名度高、操作簡單、外觀時尚簡約，表徵身分地位的效果強。只有突出產品的優勢，才能得到廣大消費者的認可。讓產品具有賣點，才能讓客戶優先選擇你的產品。

👍 應準確掌握產品的屬性、功能、材質、特色、賣點等，做到熟練、清晰地向客戶解答，突出產品的優勢。

👍 在跟客戶交談中，要瞭解到客戶的需求，讓產品的優勢與客戶的需求相

結合。

👍 為產品注入流行元素，或者改變產品的造型，讓客戶眼前一亮。

👍 可以告訴客戶產品的銷量以及受到歡迎的程度，給客戶一種別人都已經
購買的心理暗示。

3. 給客戶提供優質的服務

如果客戶對業務員的印象好，沒準兒還會將其介紹給自己的朋友、
同事。所以服務客戶不是在浪費自己的時間，而是給自己提供更多成功的
機會。

我們先來看一個小故事。

小李是 家電器產品的銷售員。一天，一位年過花甲的阿姨來到店
裡買冷氣機。小李在聊天中得知阿姨家的冷氣機因為用了很多年，最近冷
氣的效果很差，想換台新的，但是家裡的孩子都忙於工作，老伴身體又不
好，只好自己出來看看。聽到這裡，小李立即幫阿姨選了幾款品質上乘、
性價比很高的產品，耐心、細心地把每一個產品的優缺點對比性地為阿姨
逐一介紹。

當阿姨購買了其中一款產品後，小李又主動幫阿姨聯繫安裝事宜，
當天也到現場幫忙，安裝完成後還貼心地為阿姨示範使用方法和清潔方
式，事後還留下了自己的名片，歡迎阿姨有問題、或不清楚時隨時打電話
找他。阿姨對小李貼心的服務非常滿意，並在她的社區朋友中為小李大力
宣傳，還給小李介紹了幾個準客戶，使得小李的銷售業績節節攀升。

以上的案例給了我們一個深深的啟示，那就是：人心都是肉長的，
如果你用心去對待客戶，客戶也會用心地對待你，最終得到相應的回報。

事實上，成功的銷售都是建立在良好的人際關係的基礎上。對於業
務員而言，人脈是相當重要的資產，真誠地對待你所接觸的人，對方會受

到你真心的感染，才願意與你有生意上的來往。在與客戶接觸時，你不要一味想著客戶是否能購買，只要真心地對待客戶，用真誠和關心來感化、打動客戶，就能贏得客戶的信任。即便客戶暫時沒有購買意向，在日後需要的時候也會首先想到與你合作。

　　李女士和先生來到一家珠寶櫃檯前，櫃姐微笑著打招呼後說：「您好，您叫我小趙就可以了。」李女士相中了一款戒指，只見小趙迅速戴上一副黑色薄手套，輕輕取出戒指，用柔軟的布輕輕擦拭了一下，然後遞給了李女士。這時小趙的同事把兩張座椅搬到他們的身邊，小趙讓夫婦倆坐下來慢慢欣賞、討論，然後端來了兩杯茶遞到他們面前，詳細地講解戒指的款型及寓意。在小趙的引導下，李女士最後挑選了一款戒指滿意地離開了。小趙不僅具有專業性，並且熱情周到地為客戶服務，最終讓客戶滿意地掏錢成交。

👍 當你看到客戶的時候要微笑，保持積極樂觀的心態。

👍 充滿熱情地向客戶介紹他想要或感興趣的產品，哪怕客戶不買，也要耐心做到有問必答，絕不怠慢客戶。

👍 客戶若有遇上什麼難題或困難，要熱心説服客戶並解決困難。

👍 注重細節，給予適當讚美，如給客戶倒一杯水、讚美客戶眼光好等。

站在客戶的立場介紹產品，
更能深得客戶心

成交法則

Get The Point！

在介紹產品的時候，要換位思考，積極地為客戶著想，站在客戶的立場上考量，要把客戶的錢當成自己的錢來考慮，給客戶提供能為他們增加價值和省錢的建議，做到替客戶省錢。此外，還要瞭解客戶的心理和需求，對待客戶要運用同理心，多站在客戶的角度上看待問題，不誇大產品的功能，實事求是地為客戶介紹產品，這樣客戶才會接受我們和產品。

大部分業務員在向客戶介紹產品時，總會強調產品的優勢用來吸引客戶的關注，但如果只是一味地介紹產品，而沒有站在客戶的角度和立場上為客戶推薦產品，那麼客戶會因這不是我要的或可能會感到枯燥乏味而離開。銷售員要站在客戶的立場上為客戶介紹產品，為他分析利弊得失，引挑起客戶的興趣，建議最適合客戶的產品，這樣客戶才會接受你的產品。

1. 為客戶節約金錢

一名業績員經過千辛萬苦後談成了一筆價值五十萬元的生意，但就在即將簽單的時候，他發現另外一家公司的產品價格更低，而且更適合客戶。內心經過激烈的鬥爭後，他決定把這個消息告訴客戶，同時建議客戶

購買另一家公司的產品。事後，他不僅少拿了上萬元的佣金而且還受到公司的責難，但是他這種做法卻深深地感動了客戶。在後來的一年時間裡，這位客戶陸續為他介紹的生意達到了幾百萬元。正是因為這名業務員站在客戶的角度上，設身處地地為客戶著想，為客戶省下一大筆錢，所以深深地打動了客戶，讓客戶也想回報他，而給他更大的利益。

👍 積極地為客戶著想，站在客戶的立場上思考，做到以誠相待。

👍 把自己的產品和其他產品做比較，告訴客戶，購買產品能夠幫客戶節省
　　多少錢，讓客戶感覺到我們有在替他考慮。

👍 把客戶的錢當成自己的錢來考慮，給客戶提供能為他們增加價值和省錢
　　的最佳建議。

2. 瞭解客戶的心理和需求

　　小燕畢業後來到一家公司做電話銷售，因為之前有個員工為了賣出自己的產品，誇大產品的功能，這就導致一些客戶有受騙的感受。所以小燕在向這些客戶電話銷售時，客戶的態度往往都不是很好。一次，在電話接通後，對方無比激動地說：「你們是騙子公司，我再也不相信你們了，你們的產品一點也不好。」然後就是一陣抱怨，小燕沒有生氣，也沒有跟客戶爭辯，而是說：「我們要真的是騙子的話早就躲起來了，還敢給您打電話啊。」客戶一聽，心情才漸漸平緩下來了，問她打電話有什麼事，小燕耐心地瞭解了客戶的情況，然後說：「我要是您的話，我也會這麼生氣的，您的心情我非常能夠理解。」之後，小燕代表公司向客戶致歉，並且用現在的產品和之前的作對比，介紹了一款適合客戶的產品，客戶表示願

意再相信一次，訂購了產品。小燕站在客戶的角度上看待問題，並且瞭解了客戶怕再次受騙的心理，先讓客戶信任自己，然後再介紹產品，這樣才能再次贏得客戶的心。

👍 在和客戶溝通的時候，要多用同理心，多站在客戶的角度上看待問題。

👍 當客戶有疑慮時，要對客戶說：「我非常能夠理解你。」讓客戶感覺到你跟他是同一條戰線。

👍 當客戶比較激動或者生氣時，我們不要爭辯，而是讓對方盡情發洩情緒，直至他願意說出他真正的想法是什麼。

👍 對客戶提出的問題，不要有抵觸情緒或逃避，要做出正面的回答。

👍 要把客戶的需求和產品的特點和優勢相結合，挑選最適合客戶的產品。

👍 對於一時沒有下單的客戶，不要急於催促，也不要放棄，可以每隔一段時間給客戶發一些新產品的訊息或圖片。

👍 先想想自己如果是客戶會關注什麼問題，是價格、功效，還是品質，向客戶講清楚產品能給客戶帶來怎樣的好處和快樂。

3. 實事求是地介紹產品

有些業務員為了能更好地突顯自己產品的特色，就會誇大或捏造產品的功能，客戶購買後，轉身就不管，認為和自己沒關係了。事實上，業務員應該實事求是地向客戶介紹自己的產品，產品有哪些地方不適合客戶使用也要清楚說明，切合實際地為客戶考慮問題，才能被客戶接受，願意買你的產品。

 **37 幫客戶挑選和組合產品，
讓客戶的選擇物超所值**

Get The Point !

當客戶對產品難以抉擇時，業務員要在一旁察顏觀色，並引導客戶挑選適合他的產品，要結合客戶的實際情況給出恰當的建議，以客戶的利益為中心，從客戶的角度來設想。甚至可以把產品進行組合，形成套餐的形式，給客戶創造更大的優惠，還可以向客戶介紹相關的配套產品，或者向客戶介紹他所需要的其他類別的產品，讓客戶的選擇物超所值。

在商場買衣服時，常常會看到這樣的情形：一名顧客在同一家店相中好幾款服裝，拿在手裡左看右看，每一件都很喜歡，可是又不能全部買下來，做選擇真的是太艱難了，這時熱情的店員就要根據客戶的體型、身高等，為客戶挑選了最合適的服裝。客戶穿在身上特別的滿意，店員同時還會推薦其他相配的服裝，讓客戶穿在身上更加漂亮、迷人。所以，業務員不只是賣產品，更多的時候要幫客戶挑選和組合產品，這樣才能讓客戶更加滿意，讓客戶覺得物有所值。

1. 幫客戶挑選適合的產品

一位母親來到一家玩具店，在琳琅滿目的玩具面前精挑細選，最後挑中了一款高檔的遙控飛機。就在她打算結帳的時候，店員微笑著說：「您

好，您是給兒子挑選禮物嗎？」「對啊，明天是他的生日，打算買來給他做生日禮物。」店員接著說道：「您對您的兒子真好，他今年多大了？」母親洋溢著幸福的表情告訴店員：「他明天滿兩歲。」

　　然後店員委婉地建議這位母親，孩子現在比較小，還不會玩這種比較複雜的遙控玩具，得等到四五歲才能玩，這個年齡的孩子現在習慣摔打玩具，可能還沒等他學會玩，遙控飛機就被他摔壞了。最後，在店員的建議和推薦下，這位母親買了適合她兒子的玩具，同時心裡非常感謝店員的貼心建議，打算下次還來這家玩具店。

👍 當客戶對多件產品猶豫不決，難以抉擇的時候，業務員要結合客戶的情況給出恰當的建議，並幫客戶選擇產品。

👍 要做到以客戶的利益為中心，凡事多站在客戶的角度上考慮。

👍 根據客戶的具體情況具體分析，幫客戶挑選最適合客戶的產品，爭取給客戶創造更大的價值。

👍 對客戶進行觀察和判斷，然後結合客戶的需要和你觀察的結果給出建議。

👍 結合客戶的需求，分析客戶的實際情況，告訴客戶你推薦的產品的功效和好處。

👍 分別講解、比較產品的優劣，然後再讓客戶自己做選擇。

2. 幫客戶組合產品

　　當你去家具行買床架的時候，老闆的報價是一張床 8000 元，而搭配床頭櫃等傢俱，整組一套才 11000 元；當你去專櫃買洗面乳時，一瓶洗面乳是 400 元，櫃姐說現在配合週年慶一瓶洗面乳加一瓶化妝水才 999

元（化妝水單瓶就 800 元），買套裝組會更加實惠。在銷售產品的時候，若是能將產品進行組合，組合後的產品不僅價格優惠，還能給客戶創造更大的價值。

👍 向客戶介紹相關的配套產品，例如客戶買了咖啡機，你可以給他介紹咖啡豆或者磨豆機等。

👍 可以向客戶介紹他需要的其他類別的產品，例如買了床墊可以介紹枕頭等。

👍 可以向客戶介紹目前有促銷的特價或性價比最高的商品。

👍 可以把產品進行組合，形成套裝組合，給客戶創造更大的優惠。

 **38** 在客戶的訴求點、
潛在需求與產品之間找到關聯

 成交法則

Get The Point !

　　銷售的時候，要把握住客戶的訴求點，同時還要深入挖掘客戶的潛在需求，因為它們之間是相輔相成的。這就要做到突出產品的優勢，激發客戶的需求，讓客戶的潛在需求同產品優勢相結合。這時要多向客戶提出問題，讓客戶發表自己的想法，從情感、價值觀等方面作為切入點，要引起客戶的共鳴。再進一步深入挖掘客戶的購買需求，有針對性、有目的地向客戶講解產品，讓產品與客戶的需求相關聯。

想　把產品順利賣出去，首先就要與客戶之間建立良好穩固的關係。要實現這一點，我們就要做到最基本的一點：從客戶的角度出發。客戶在購買產品時，如果總能感受到銷售員對自己、理解與貼心，注重自己的心情和感受，那麼客戶就會被這種氛圍所吸引，進而對產品投入更多的關注。所以，只有站在客戶的角度去介紹產品，客戶才願意與我們交流，積極地投入到銷售中來。

　　此外，在與客戶交流時，應該借著與客戶聊天的機會對客戶的基本情況進行大概的瞭解，比如客戶所在的行業、客戶的愛好、客戶的業績、客戶的家庭情況、客戶的習慣等，並從中獲得客戶的需求資訊。只有瞭解客戶的具體需求，我們向客戶介紹產品時才能做到有的放矢，讓客戶感覺

到被尊重，願意與我們討論更多的細節，營造相談甚歡的感覺。

客戶的需求分為顯性需求和潛在需求，客戶的訴求點是客戶已經發現並意識到的需求，而潛在需求則是已經存在，但客戶還沒有意識到的需求。我們要學習把握住客戶的訴求點，並且深入挖掘客戶的潛在需求，在產品中找到對客戶有價值的點，讓產品的賣點和優勢與客戶的需求相結合。

客戶在購買產品時，最耗費時間和精力的莫過於選擇產品的過程。為了買到最適合自己的產品，有的客戶會思前想後，權衡利弊，花很長時間斟酌產品與自身需求之間的差異。而你也一定不願看到這種情況，但這是銷售必經的過程。其實客戶何嘗不想快些買到符合自己期望的產品呢？因此，在這個過程中為客戶提供好建議，正是贏得客戶的好機會。

在客戶選購產品時，如果你能提供對客戶非常有幫助的建議，不僅能加快成交腳步，而且還能取得客戶更大的信任，客戶不僅會購買產品，而且在購買之後也願意向你繼續諮詢使用上的問題。這樣一來，你就把客戶的心套住了。客戶覺得你的介紹和建議非常中肯，甚至覺得沒有你就無法選擇到最適合的產品，這時你在客戶心中的重要地位就建立起來了。

我們先來看一個小故事。

小羅是一家服裝店的銷售員，這天一位中年婦女走進店來，轉了一圈之後，對著一件淡紫色的上衣看了又看，拿起來又放下，似乎很猶豫。小羅也適時地在一旁解說、敲敲邊鼓，客戶仍然猶豫不決。

客戶：「我還是再考慮一下，和我老公商量之後再說。」

小羅：「其實這件上衣很符合您的氣質，我看您也特別喜歡這件衣服。不過您說還要和老公商量一下，我能理解，還是要老公覺得您穿起來好看，您就會更加自信。」

客戶：「是啊，所以我想回去商量一下。」

小羅：「不過我也擔心還有什麼地方沒有解釋清楚，所以想請教您一下，您到底是顧慮哪一方面呢？衣服的款式還是顏色？」

客戶：「款式還可以，主要是衣服的顏色，我擔心老公會不喜歡，因為我很少穿這種顏色鮮亮的衣服。」

小羅：「您能嘗試與以往不同的打扮說明您很有想法。其實在我看來，您非常適合這種顏色，要不先試穿看看再說。」

客戶進行試穿後。小羅：「您看，這件衣服是不是很適合您的氣質？無論是顏色、款式還是面料都不錯，不穿在您的身上真的是可惜了。」

客戶：「嗯，真的很不錯，沒想到穿上之後效果這麼好……」

小羅：「衣服真的適合您，如果您今天錯過它，真的很可惜。」

客戶：「是嗎？那……就買了吧！」

在客戶選擇產品的過程中，只有適時、適當地為客戶提出最有利的建議，才能贏得客戶的信服。所以，你應該從客戶的實際情況出發，向客戶提供中肯而有效的建議，讓客戶覺得沒你不行。

那麼，要怎樣做才能透過提建議俘虜客戶的心呢？

1. 瞭解客戶的訴求點

每個人都有需求，有吃飯的需求、有睡覺的需求、想獲取安全的需求等。客戶也不例外，客戶也會存在各式各樣的需求，例如，我口渴，要喝水，這種客戶已經意識到的，並且有能力購買且準備購買某種物品的有效需求就是客戶的顯性需求，也稱客戶的訴求點。客戶的顯性需求包括：我想買一件衣服；我想要一台筆電；我想買一台上下班代步的車；我想買鄉村風的原木家具。

2. 學會挖掘客戶的潛在需求

　　成功的銷售建立在明白和瞭解客戶的心裡到底需要什麼，才能給客戶提出最有效的建議的基礎上。

　　所以我們要學會挖掘客戶的潛在需求。必須時刻關注客戶的興趣是什麼、關心什麼、需要怎樣的產品滿足自己、什麼需求是必須滿足的……只有都瞭解清楚，才能夠做到給客戶想要的。

　　一位釣魚高手曾經這樣公開自己釣魚的秘密：「我每次釣魚都會帶兩種魚餌，一類是葷餌，如蚯蚓、小蝦等；另一類是素餌，如麵糰、玉米粒等。之所以帶兩種餌是因為魚的食性不同。魚基本可以分為葷食類、素食類和雜食類三種。葷食類的魚包括黑魚、鯰魚，牠們喜歡蚯蚓類的葷食；素食類的魚包括草魚和鯿魚，牠們喜歡吃麵糰類的素食；雜食類的魚稍微有點複雜，像鯽魚和鯉魚，在水比較肥的地方，偏重於吃素食，而在水比較瘦的地方，則偏重於吃葷食。」

　　「掌握了這些特點，帶好充足的餌料，我就可以大顯身手了。」

　　「當然，這裡有一個小小的問題，就是我個人最喜歡吃的是酸辣馬鈴薯絲。我認為它是世界上最美味的事物，那我為什麼不直接掛一個酸辣馬鈴薯絲放在魚鉤上作為餌料呢？」

　　「你肯定會認為這個問題很幼稚，因為既然我們想釣的是魚，當然是選用魚喜歡吃的，不是嗎？」

　　所以，我們要用觀察、傾聽、詢問等方法去挖掘客戶想要的「餌」，只有了解了客戶的「習性」後，才能夠釣到客戶這條「魚」，把自己喜歡的東西當作「誘餌」，是注定要失敗的。

　　客戶的需求如同一顆長出地面的蘿蔔，一半在地面上，另一半則隱藏在地下，所以，業務員不僅能看到客戶的顯性需求，還要關注客戶的潛在需求。例如，一家鋼鐵公司決定新建一座鐵爐，擴大生產的規模，那麼

這家公司的訴求點就包括現代化的生產設備，在規定時間內完成擴建，預計的款項和金額等，那麼潛在需求則是：生產的設備能否暢銷，能不能給自己帶來利益等。顯性需求和潛在需求都是相輔相成的，這就需要我們通過客戶的訴求點，深入挖掘客戶的潛在需求。

👍 突出產品的優勢，激發客戶的需求，讓客戶的潛在需求同產品的優勢相結合。

👍 要找準客戶真正關心的問題，知道客戶想要什麼。

👍 故意曲解客戶的意圖，將對自己有利的結論肯定下來，看客戶是否反對。

👍 可以假設一個虛擬的場景或情況，試探客戶的反應。

👍 要多向客戶提出問題，讓客戶發表自己的想法，從情感、價值觀等方面切入，引起客戶的共鳴。

👍 在向客戶提問時，要用封閉式的問題詢問，儘量讓其二選一。

👍 詢問客戶的狀況，但詢問的主題要和銷售的產品相關。例如，你可以說：「您目前使用的是哪家服務商？」

3. 在客戶的需求與產品的特點之間找到關聯

有些業務在約見客戶的時候，一開口就滔滔不絕地把產品的賣點從頭講到尾，最後客戶的答覆往往是要先考慮一下，確定好要買再打電話聯繫。而有些業務員則是先探詢客戶的需求，透過提問等方式，找到客戶的關注點和需求，然後結合產品的特色，最後客戶當即決定購買。所以一定要先把握好產品的特點和客戶的需求，找到它們之間的聯繫。有的時候，客戶先瞭解產品，對產品認同了，才有購買的需求。還有的時候，客戶是

先有購買需求，然後去瞭解產品，對產品認同後才會產生購買意向。客戶的需求和對產品的認同，它們之間是並列的關係。

👍 在向客戶講解產品之前，首先要瞭解客戶的購買需求。

👍 要深入挖掘客戶的購買需求，有針對性、有目的地對客戶講解產品是如何地合適他。

👍 要抓住產品的特色和優勢，只向客戶介紹一兩個賣點，根據產品的賣點去滿足客戶的需求。

👍 可以透過反問的方法去打探客戶的需求。當客戶提出問題後，讓客戶去解決這個問題。例如，客戶問你產品售後服務怎麼樣？你可以反問他：那您覺得什麼樣的售後服務能讓您滿意呢？

4. 抓住提建議的最佳時機

客戶在購買產品時，常常會有很多問題讓他們猶豫不決，而此時你提出建議，往往能引起客戶的重視。一般來說，客戶如果真心想要購買產品，在業務員的引導下他們就會說出自己的顧慮，所以業務員不用擔心會引起客戶的反感。以下幾種情況是客戶尋求協助的表現，要特別留意。

👍 當客戶把目光投向業務員，這時客戶的潛臺詞就是在說：「我拿不了主意，你來幫我吧！」業務員這時出現在客戶身邊，為他答疑解惑，肯定可以幫客戶做出明智的選擇。

👍 客戶反覆拿起幾件商品，這時客戶的潛臺詞就是在說：「我有意願買，

不知道選擇哪個好？」這時可以根據客戶的需求建議客戶做出選擇。

👍 打電話向別人求教時，這時客戶是在尋求可以為他做決定的人，而你要帶上真誠的態度為客戶提建議，讓客戶信任自己，替客戶做出選擇。

5. 站在客戶的角度提供建議

如果客戶已經信任了業務員，那麼業務員提出的建議會更容易被客戶所接受。所以，你要想客戶之所想、急客戶之所急，從客戶的角度出發去考慮什麼樣的方案對客戶最有利，但又不會損及業務員本身或公司的利益，這樣你就能夠輕而易舉地獲取客戶的信任，你的建議也更容易被客戶接納。

6. 帶著誠懇負責的態度提出建議

在為客戶提供建議時，語氣不能像是輕描淡寫地隨便發表自己的意見，也不能像例行公事般敷衍塞責，而是要用誠懇有禮的態度為客戶提出建議，這樣客戶才有被重視的感覺，而接受了你的建議。

以節約成本為訴求
- 「劉主任，您想在每年在機器械生產上節約15萬元嗎？」
- 「您想不想在同樣品質、同樣口味的基礎上，投入成本比過去減少10%呢？」
- 「您現在想不想只花費100元，就享受到之前300元的服務呢？」

以完善、便捷的服務為訴求
- 「詹經理，我們的會員只需要一個電話，我們就可以為其安排好所有事情，不知您是否也想享受這樣的服務呢？」
- 「如果您對繁瑣的滿期金、保險金的支付流程不滿，希望保險公司能夠考慮到客戶的感受，提供更簡便的服務的話，我們公司一定能滿足您的需求。」

在我們向客戶提供建議的過程中，業務員必須先做好自己的銷售工作，妥善處理客戶的反對意見。除此之外，還要保證自己所銷售的產品品質和功能良好，價格適度，只有這樣才能使客戶對你的銷售服務感到滿意，客戶才會接受你的建議。

Part 4

巧妙說服術，
讓客戶沒理由拒絕

How to Close
Every Sale

39 鸚鵡學舌，用客戶的方式說話更能激發對方的溝通興趣

Get The Point！

要想讓客戶對你的談話感興趣，就要先學會用客戶的說話方式說話，要善於傾聽客戶的講話，觀察客戶的說話方式，然後加以學習和模仿。其次，還可以透過客戶的說話研究客戶的心理，投其所好，讓自己的話激起客戶的興趣。

與別人溝通時，如果對方非常注重名聲，厭惡談到錢財問題，而你一味地和他討論金錢的問題，那麼對方就會失去和你聊下去的興趣，但如果和他談論能提升知名度、聲譽的話題，那麼肯定能激起對方的溝通興趣。鸚鵡學舌，試著用客戶的方式說話，那就能激發客戶與你聊下去的興致，讓客戶願意和你溝通。

1. 用客戶的說話方式說話

一家保險公司業務員在向一位客戶介紹保險業務，當講到公司的服務和理賠效率時，客戶開玩笑地說：「當意外發生時，貴公司能比救護車率先到達現場嗎？」這名業務員笑著說：「那算什麼！我們公司在一幢四十層大廈的第二十三層。有一天，我們的一位投保人從頂樓摔下來，當他在摔落的途中經過二十三層時，我們就已經把支票塞到了他的手裡。」客戶

聽完，一陣莞爾，感染到業務員的風趣幽默，而自己就喜歡跟這樣的人交往，因為覺得投緣而決定在這家公司辦理保險。

客戶用幽默的說話方式提出自己的疑問，而業務員也學客戶的說話方式，巧妙地解答了客戶的疑問，這樣激發了客戶的溝通興致，讓客戶樂於聽業務員講解業務。

在銷售時，可以一邊和客戶的交談，一邊觀察並找到客戶的說話方式，然後加以學習和運用，讓客戶覺得和我們溝通很順利，沒有代溝。

👍 有時候客戶覺得產品價格貴，但卻很肯定產品的品質，這時你就首先要承認價格的劣勢，然後把重點放在品質上，用產品的品質去挑起客戶的購買欲。

👍 業務員要善於傾聽客戶講話，知道客戶的說話方式，然後加以學習和模仿，例如客戶說話幽默風趣，你在跟客戶溝通的時候可以用幽默風趣的語言。

2. 從客戶的說話方式了解客戶的性格

小李向一位客戶推薦自家公司的手機，小李說：「先生，您知道現在四核心的手機是目前市場上最流行的，速度肯定要比雙核和單核的快，而且這款手機還使用了 T6 晶片極速觸控，比一般的手機快多了。」「的確如此！」客戶點點頭贊同地說。而小李在與客戶的溝通中還發現，客戶習慣用「的確、確實如此」作為回答。精明的他判定客戶很自以為是屬於自我型的客戶，於是針對他的性格，小李滔滔不絕地用專業知識介紹產品，以展現自己的專業素養成功地拿下了訂單。在與客戶談話時，還需要注意

甄別客戶的口頭語。口頭語是一個人的習慣用語，往往和性格有關係，對業務員來說，瞭解客戶口頭語的含義也就相當於打開了客戶的心門。

👍 如果客戶經常使用「絕對」一詞，在面對這類客戶時要讓他們說出自己的條件和要求，然後表明自己的態度和立場，因為他們比較武斷。

👍 若客戶經常使用「我要……我想……」之類的詞語，說明客戶比較單純，容易意氣用事，而你就要去感染對方的情緒，進而引導客戶。

👍 客戶如果經常使用「真的嗎？」、「真的是這樣吧」等一些問句，當你在聽客戶講話時要不時地點頭，並且用眼睛真誠地看著對方，因為這類客戶往往缺乏自信。

👍 若客戶經常使用流行語句和詞彙，你也可以跟著使用一些流行詞語，讓客戶見識到你知識面的寬廣，因為這樣的客戶隨大流，緊跟時尚的潮流，有些缺乏主見。

👍 如果客戶經常使用「我個人的想法是……，是不是……，能不能……」這類語句，說明客戶能夠認真地分析，具備客觀的理智。此時，業務員要淡定，冷靜地幫客戶分析問題。

40 巧妙啟發客戶思考，讓其主動提出問題

Get The Point !

我們要巧妙地啟發客戶思考，首先就要透過提問的方式，引導客戶說出自己的需求。透過向客戶提出一些相關的問題，然後將客戶的思維引到所需要解決的問題上。你可以使用選擇式的提問方法，讓客戶從兩個選項中選擇一個答案。同時也要多問一些開放性的問題，例如，您目前最關心的問題是什麼？讓客戶暢所欲言，不受約束。

提問的本質是一種思考的表現形式，好的問題能啟發客戶思考，可以觸動客戶的興趣。學會提問，讓客戶不知不覺地跟著你的腳步、思路走；用提問的方式，獲得客戶的認同，讓客戶掉進我們挖好的思維陷阱裡，這是每一個銷售冠軍的成功之道。

1. 巧妙控制談話的進程

世界級銷售培訓大師博恩‧崔西曾經說過：「如果你能提問，就永遠不要開口說。」只有提出問題才能引起客戶的注意，才能引導客戶進行思考。如果只是跟客戶解釋，沒有提問，銷售就容易就走進一條死胡同。

業務員小林經過一個多月的奔波，終於為他的客戶孫先生找到了滿意的房子。在他們看房子的那天，不論是房子的建築風格還是結構格局都

很讓孫先生滿意。在看到車庫和游泳池的時候,孫先生的驚喜更是難以掩飾。他興奮地說:「這套房子太漂亮了,我做夢都想擁有這樣的房子。我真想立刻住進來。」小林一臉興奮地說:「只要您願意在這張紙上簽下您的名字,您就可以立刻擁有它了,不過我覺得我必須告訴您一件事情,這棟房子的價格比您預期的價格要高出二十萬元。」

聽到這番話後,孫先生的笑容漸漸從臉上消失,一下子冷靜下來,並陷入了思考。小林察覺到孫先生的變化後,向孫先生問道:「你說過打算要在這座城市定居,我想您肯定會在這裡住二十年吧?」「問我在這裡住多長時間,有什麼用意嗎?」「我想提醒您的是:這裡的交通很發達,陸續還有幾家外商企業決定要在這裡投資,這裡在短期內房價肯定還有上漲空間。」孫先生聽後,立刻決定購買。

在銷售過程中,當你向客戶提出問題時,你就可以控制整個談話的進程與方向,讓客戶去思考購買的可能、想像購買後的前景,並且讓客戶主動提出問題,而你還能透過向客戶解答疑問的過程,對客戶進行巧妙的說服。這種提問銷售方式往往能迅速增加銷量。

Learning Tips

- 業務員在向客戶提出問題後,要耐心等待,給客戶空間充分思考,在客戶說話之前不要插話。
- 可以向客戶提出一些相關的問題,然後將客戶引到所需解決的問題上。
- 業務員可以使用選擇式的提問方法,讓客戶從兩個選項中選擇一個答案。例如,您是買紅色的還是黑色的?
- 業務員提出的問題要讓客戶能聽明白,要做到通俗易懂。
- 剛和客戶接觸時,最好先從客戶感興趣的話題聊起,不要急著馬上就談及產品。

👍 透過問與答的方式，引導客戶說出自己的需求。例如，你可以問：「您認為在什麼情況下您會考慮購買這個產品呢？」

2. 問對問題讓客戶思考

　　一位信徒問牧師：「我在祈禱的時候可以抽煙嗎？」牧師強硬地說：「不行。」另一位信徒問：「我在抽煙的時候可以祈禱嗎？」牧師面露微笑地說：「當然可以了。」由此可以看出，如何表述問題和提什麼樣的問題很重要。

　　在與客戶溝通的過程中，我們應該注重提問的技巧，要向客戶提出適合的問題，而不是什麼問題都問。提問時還要講究方式和方法，不然可能會引起客戶的反感，給客戶留下不被尊重的印象。

👍 要保持禮貌，要有為客戶解決問題的心態，而不是不停地對自己的產品誇誇其談。

👍 提問要有目的地進行，把握好時機和範疇，可以透過提問先瞭解到客戶的興趣和愛好，做到以客戶為中心，引起客戶的興趣。

👍 多問一些開放性的問題，例如：「您目前最關心的問題是什麼？」讓客戶暢所欲言，不受約束。

👍 多傾聽客戶講話，還要面帶微笑，要聽出客戶對公司和產品的評價，聽出客戶的關注點。

41 心裡清楚客戶的成見和誤解即可，千萬不要直接點破

Get The Point !

當客戶對產品或業務自己有成見和不滿時，記得不要和客戶爭辯，也不要直接點破客戶的不滿，而是先認真傾聽，讓客戶把心中的不滿暢所欲言，並站在客戶的角度上分析客戶的不滿和成見，運用同理心，對客戶表現出理解和同情，友好地勸告客戶。還要肯定相關的缺點，然後淡化處理，利用產品的優勢來補償或者抵消這些缺點。當客戶出現錯誤時，你要委婉含蓄地表達出來，並提前給予適當的讚美。

當你在向客戶推銷產品時，有些客戶會對銷售有一種本能的排斥感，客戶會對業務員或者對產品有成見，這是最讓業務員感到頭疼的問題了。要想成功地賣出產品，就要清楚客戶的成見和誤解，千萬不要直接點破。那麼，如何才能消除客戶的成見呢？

1. 不要直接點破客戶的成見

業務員小張打電話向老客戶推銷按摩椅，當客戶問明小張所在的公司和產品後，不滿地抱怨道：「你們還敢打電話來啊，上次我買的那款腿部按摩機一點兒也不好用，用沒多久就頻繁出現死機的現象，我早就給扔掉了。」小張沒有跟客戶爭辯，而是先認真地傾聽客戶的不滿，然後非常

誠懇地說：「給您帶來不便，我們感到非常抱歉，您的心情我也非常能夠
理解，誰都想擁有一款品質好的產品。那款腿部按摩機大多數客戶說用得
挺好的，只有一小部分客戶反應用得不是很好。主要是在操作上出了問
題。我們也很重視您，這次給您打電話啊，是要告訴您一個好消息的，是
老客戶才有的好康！」小張運用對比的方法，把上次的腿部按摩機和現在
的產品做對比，突出了新產品的功能，成功地把產品賣給了客戶。

　　業務員小張給客戶打電話時，客戶對公司和產品表示出極大的不滿
和成見，小張沒有直接點破，而是先認真傾聽，站在客戶的角度上思考，
替客戶介紹新產品，把客戶的成見和不滿慢慢化解。

👍 當客戶對自己或者產品表現出不滿時，不要和客戶爭辯，不要直接點破
　　客戶的不滿，而是先認真傾聽，讓客戶暢所欲言地說出心中的不滿。

👍 業務員要站在客戶的角度上分析客戶的不滿和成見，運用同理心，對客
　　戶表現出理解和同情，友好地勸告客戶。

👍 當客戶表現出不滿和成見時，先不要急於解釋，而是先代表公司向客戶
　　致歉，積極安撫客戶的不滿情緒。

2. 如何處理客戶的成見

　　王小姐來到一家品牌專賣店，看中了一款正在打折的上衣，但是她
發現衣服的領口處有一些線頭沒有處理好，於是嫌棄地對店員說：「這件
衣服品質怎麼這麼差！」店員耐心地解釋道：「所以我們才會降價處理，
但我們確保不會影響到您的使用效果，而且價格優惠了許多。」就這樣，
店員成功地打消了王小姐的疑慮和成見，在低價的刺激下，買下了衣服。

當王小姐對看中的衣服有意見時，店員用低價彌補了產品的不足，讓客戶心理達到了平衡，成見自然就消除了。

👍 先承認客戶的看法有一定道理，對客戶做出讓步，然後再委婉說出自己的看法。

👍 如果客戶對產品有成見，你要肯定有關的缺點，然後淡化處理，利用產品的優勢來補償或者抵消這些缺點。

👍 當客戶提出反對意見後，你要從中找出雙方的共同點，爭取客戶的肯定與支援，然後再抓住與客戶看法不一致的地方，進行講解。

3. 委婉地點出客戶的錯誤

當客戶對公司產品有誤解、或是抱持錯誤的想法時，如果我們直接指正客戶，可能會讓客戶下不了台，讓他沒面子。這時，千萬不要直接點破，可以透過委婉的方式提醒客戶，給客戶暗示和適當的鼓勵。為了不觸犯對方的自尊心，即使發現了對方的錯誤，也不要立刻指出，而應採取間接的方式。不要用「我認為絕對是這樣的！」這類口氣來威壓對方。用「不知道是不是這樣？」這種委婉的態度與客戶溝通，效果會更好。

42 不論是否喜歡，都對客戶的話表現出極大的興趣

Get The Point !

與客戶溝通時，切忌不要打斷客戶的講話，要讓客戶把話說完，而你只要做好認真傾聽，不東張西望，或者置之不理，甚至露出不耐煩的表情。我們可以和客戶一起談談過去的合作，可以聊聊客戶的興趣愛好等，找到和客戶共同的話題，同時還要認同客戶的談話，可以重複客戶所說的一些重要句子，在輕鬆的談話氛圍中找到客戶的隱性需求，與客戶進行良好的互動。

有些業務員在傾聽客戶講話時，只擺出聽客戶談話的樣子，內心卻急躁地等著一有機會要將自己想說的話說完。還有些業務員在跟客戶溝通時，因為對客戶所聊的內容不太感興趣，所以沒有認真傾聽，最後引起客戶的反感。不論是否喜歡客戶的談話，你都要對客戶所說的話表現出極大的興趣，讓客戶感覺遇到了「知己」，只有相談甚歡才有合作的可能。

1. 學會傾聽

業務員小張在向客戶打電話推銷產品，在跟客戶溝通時，客戶得知小張跟自己最好的朋友是一個城市的，於是，客戶先是和小張聊了關於那座城市的特產和故事，然後又滔滔不絕地說起他那位好朋友。小張嘗試著

打斷客戶的講話，

可客戶依然興致勃勃地講他那位朋友，小張越聽越覺得無聊，於是把電話放在了一旁，低頭玩起了手機。當客戶察覺到小張的意興闌珊後，很不高興地掛斷了電話。

業務員小張對客戶所說的話題感到枯燥乏味，於是沒有認真傾聽，最終讓客戶生氣地離去。可見，在銷售過程中，不論你是否喜歡聽，都要對客戶所說的內容表現出興趣。要做到這一點最基本的就是要認真傾聽。

👍 當客戶在講話時，不要打斷客戶的講話，讓客戶把話說完。

👍 業務員可以一邊聽一邊將客戶談話背後的意思複述出來，讓客戶感受到我們理解他的感覺。

👍 傾聽時，不要一味地沉默，要有回應地聽，可以採用提問、贊同、簡短評論、表示同意等方法。例如，你可以說：「你的看法呢？」、「再詳細談談好嗎？」、「我很理解」、「好像你不滿意他的做法」等。

👍 不要介意客戶的口頭禪，有些客戶談話時容易帶一些口頭禪或習慣性動作。

👍 客戶說話時，不要東張西望，或者對客戶置之不理，甚至露出不耐煩的表情，這些都是很沒禮貌的行為，會讓客戶產生反感。

2. 找出共同的話題

一名壽險業務員要向一位大學教授張先生推銷保險。見面後，因為張先生對這家公司之前的保險代理人很不滿意，所以問了業務員很多關於保險方面的問題，業務員感覺到張先生問這些問題的目的是想考一考他的專業度，而並不是想買保險，於是屢次想把他們的談話轉移到正題上，但

張先生根本不給業務員機會。

就在他打算要放棄這筆生意，準備告辭時，張先生接了一個電話，無意中他聽到張先生下學期要開一門關於心理學的課程。電話結束後，業務員和張先生談起了心理學。張先生問道：「你也喜歡心理學？」業務員點點頭認真地說：「從小我就喜歡心理學，感覺它們非常有趣。」於是，業務員便向張先生請教關於心理學的問題，二人越談越開心，最後業務員成功地拿到了保單。

業務員在準備離開的時候發現他和客戶有著共同的愛好，都非常喜歡心理學，透過對心理學的討論，讓交談的氛圍變得融洽，讓客戶對業務員產生了好感，這樣，成交就變得容易多了。

👍 可以聊客戶的興趣愛好，如體育運動、娛樂方式等。

👍 可以談論客戶的工作，如客戶曾經在工作上取得的成就等。

👍 可以談論客戶的孩子，如孩子的教養、教育等問題。

👍 可以和客戶一起談談過去的事情，例如客戶的童年往事或者故鄉等。

3. 認同客戶的談話

當客戶與你興致勃勃地談話時，你卻興趣索然，或者刻意表現出很喜歡的樣子，客戶的熱情馬上就會冷卻下來，失去講下去的興致。所以，你要積極配合客戶的談話，對客戶的談話內容表示出讚賞和認同。業務員可以透過點頭、欠身、雙眼注視客戶等方式，或者重複客戶所說的一些重要句子，從而使交談保持良好的互動。此外，還要從客戶的訴說中找到客戶的隱性需求，這樣才會讓談話的氛圍更加和諧。

認真傾聽	• 不插話，不東張西望 • 不要展現出不耐煩
共同話題	• 和客戶聊他感興趣的話題 • 可以聊他的嗜好、工作、家庭
認同客戶	• 適時地回應，給予認同 • 透過點頭、欠身、雙眼注視客戶等方式

▶讓客戶與你相談甚歡

43 因人而異，對不同的客戶選擇不同的溝通方法

Get The Point !

在與客戶溝通時，因為面對的客戶不同，所以溝通的方法也要有所差別。對沉著冷靜的客戶，就要用資料或者圖表，讓客戶全面地瞭解產品；對於愛表現的客戶，反而要少說話，讓對方暢所欲言；對於沉默寡言的客戶，則要多利用 Q&A 的方式，讓客戶多開口說話，從而一步步地探詢到他的需求。

每個人的性格和需求都是不同的，在與客戶溝通時，如果都是採取同一個模式，試圖用同一種溝通方法獲得客戶的認同，不太可能次次都奏效。這就要求業務員在面對不同的客戶時，要因人而異，對不同的客戶採取不同的溝通方法。

1. 對不同的客戶說不同的話

秦先生來到一家手機專賣店。

「歡迎光臨，您進來看看需要什麼？」銷售員熱情地說。

秦先生指了指專櫃裡的一款黑色手機，說：「這款手機都有什麼功能啊？」

「先生您真有眼光，這款手機是最新上市的……」還沒等銷售員說完，秦先生就不耐煩地打斷了他的介紹，「你不用說那麼多廢話，你就直

接告訴我這款手機系統、配備、畫素、價格就可以了。」

「這款手機安裝的是安卓 5.0 的系統，四核處理器，1300 萬畫素，原價 10000 元，現在打完折是 8000 元。」

「都有什麼贈品？」

「您現在購買的話，除了手機標準配件電池、耳機、傳輸線等，還會送您手機貼膜、手機套、行動電源等。」

「行，給我拿一款黑色的。」秦先生馬上就決定購買這款手機。

秦先生的性格比較豪爽乾脆，喜歡直奔主題，如果銷售員搞不清楚狀況，若是說一些與產品無關的話，就很容易引起他的不耐煩，覺得你不好溝通。在銷售員清楚明白解說了手機的配備後，他很快就立即決定購買。每個人都有自己的個性、說話習慣和性格，這就要求銷售員針對不同性格的客戶採取不同的溝通方法。

👍 如果客戶對產品有一定的瞭解，提出的問題也具有專業性，說明這種客戶比較理智。在與這種類型的客戶溝通時，要用現有的資料、型錄等客觀地向客戶介紹產品，讓客戶瞭解產品的優點和缺點，讓客戶理性地認同產品。

👍 有些客戶的性格優柔寡斷，喜歡對產品進行比較，卻難以做出選擇。面對這樣的客戶，你要先瞭解客戶真正關心的問題，針對具體問題具體解決，幫客戶做出選擇。

👍 有些客戶沉默寡言，不愛開口說話。對於這種性格的客戶，你可以透過提問的方式，想辦法讓他開口說話，多讚美對方，態度要親切、和藹。

👍 有些客戶談論的話題總喜歡圍繞著客戶自己，愛表現，喜歡裝作一個專業人士。那麼，你就要多聽少說，滿足客戶的表達欲望。

👍 有些客戶說話不急不慢，對人友好，且有耐心。與他們溝通時，要放慢語速，用友好的方式進行溝通，找到共同的話題，與客戶先成為朋友。

👍 有些客戶的性格比較謹慎，對細節比較關注，甚至有些挑剔，會仔細觀察產品。面對這樣的客戶，你要提供詳細的資訊，資訊越詳細越好，還可以給客戶一些資料以作參考。

2. 要對客戶「量身訂製」

　　每一位客戶的需求也是不同的，如果你與一位追求時尚的客戶溝通時，只是向客戶介紹產品的品質和功能，就無法有效地吸引到客戶，這就相當於客戶想要一件長褲，而你卻向客戶推薦九分褲，那麼無論你說破嘴他都不會心動，因為你並沒有滿足他的需求。在介紹產品，或者在勸服客戶時，一定要針對客戶的需求、愛好、想要的、想知道的，對客戶進行「量身訂製」，對不同的客戶選擇不同的溝通方法。

👍 如果客戶比較注重產品的品質，並喜歡用價格來判定產品的品質，在溝通時，你就要重點介紹產品的品牌、品質、服務等。

👍 有些客戶比較有個性，喜歡款式新穎，追隨流行時尚，在跟客戶溝通時就可以使用對比的方法，用客戶之前使用的產品和現在的產品作對比，強調現在產品的工藝、樣式的不同與特別之處等。

👍 有些客戶不喜歡新鮮事物，特別戀舊，在與客戶溝通時，可以問客戶之前用什麼樣的產品，在說服他的時候，要強調我們的產品和他所熟悉的事物具有類似的相同點。

👍 有些客戶在購買產品時，追求物美價廉、愛貪小便宜，而你在介紹產品的優勢和功能時，可以給客戶贈送一些小禮品等。

44 循序漸進，而非猴急攻單

成交法則

Get The Point !

　　談生意一定要有耐心，千萬不要主動放棄客戶。在與客戶溝通時，要循序漸進地交談，表情要淡定從容，做到喜怒不形於色。此外，還要認真、耐心地對待客戶，不要為了貪快、急於求成，一下子就對客戶降價。當客戶提出一些要求時，記得不能輕易地就答應下來，要用沉默表現自己的為難，讓客戶主動放棄，更不要與客戶爭執不休，急於攻單。

想　要變胖，一口吃不成胖子，而是需要循序漸進，一點一點地變胖。想要客戶簽單，急於攻單不能取得成功，因為談生意是一個循序漸進的過程，必須按順序一步一步來，才能觸及客戶的心。

1. 不要自己說個不停，要給客戶留下思考的空間

　　有些業務員介紹產品時，習慣自己說個不停，說完之後就急著攻單。客戶都還沒有思考過你的產品究竟能帶來什麼樣的好處，沒有心動，又怎麼會有行動簽下訂單呢？如果沒有給客戶留下思考的空間，就急於攻單，會讓客戶感覺到你的急切，可能就會在壓力之下放棄購買。

👍 在與客戶交流時，在客戶思考、做決定時保持適當的沉默。

👍 與客戶的交流時間較長時，要保持耐心，介紹產品時，語言要表達清晰，對難以理解的地方，語速要稍微放緩一些，不要想快速帶過。

2. 必要時候，透過話語引導客戶

在介紹完產品的功能或特色後，先不要急著攻單，可以透過話語適當地引導客戶。例如，「有了這個，當你手握自動簡報工具時，就不用一直守在電腦前，可以隨意地走動，任意的和觀眾互動、握手，而簡報依然可操作自如地換頁，這樣是不是很方便呢！」你可以先假設或先了解客戶將在什麼情況下使用這項產品或服務？希望使用後能有什麼愉悅的感覺和希望使用後所帶來的益處是什麼？例如，銷售保險時，讓客戶想像一下，擁有這張保單，二十年後每月可以領到的錢，可以讓你的退休生活無後顧之憂，想像你和全家人一起出遊的情景，臉上的笑容，心境的閒適。所以客戶買的不是一張保單，而是一個不用再為錢煩惱的未來，一個能快樂享受生活的未來。在你的引導下，這種話術能讓客戶想像到購買產品所帶來的好處和利益，這樣能激發客戶購買的欲望。

3. 守住底線，別輕易讓步

小王在向客戶推銷自己的產品時，前期工作小王和客戶溝通得很融洽，氛圍也很好，客戶對小王說：「聽了你對貴公司以及產品的介紹後，我覺得還可以，產品的功能和品質，我也挺滿意，你看這個價錢問題，能不能再優惠一些？」

快到月底了，小王還差好幾個單子，他非常著急，總想著趕快讓客戶簽下單子，然後再去談下筆生意。於是小王想了一下說：「這樣吧，我

在報價的基礎上再給您便宜 8%，您能接受嗎？」沒想到客戶聽完之後愣了一下，然後說：「那這樣吧，我回去之後再考慮一下，你再等我回覆。」小王看到客戶要結束這場談判了，馬上很著急地說：「您要是現在簽下這筆單子，我還能再給您便宜 3%，不過這已經是最低的價格了。」客戶仍舊表示要再回去考慮一下，讓小王等消息。此後，客戶一直沒有聯繫小王，等小王主動聯繫客戶時，才得知客戶已經購買了別人的產品。

由於小王急於攻單，不惜把價格一降再降，反倒讓客戶質疑你急於把產品銷售出去，該不會是產品品質並沒有你說得那樣好，自然想再考慮一下。所以，千萬不要急於求成，催促客戶進行購買，而是要循序漸進地引導客戶，否則會讓你前功盡棄。

4. 使用禮貌的表達方式

有些業務員在跟客戶交談的過程中，頻繁地看手錶，或者一副心不在焉的樣子。這就會給客戶一種急於求成、不負責任甚至不禮貌的感覺，即將到手的訂單可能就會與你失之交臂。在與客戶接洽的過程中一定要使用禮貌的表達方式，讓客戶感受到你的尊重，這樣才能成功地拿下訂單。

👍 要認真、耐心地對待客戶，不要過於急躁，與客戶相處時不要表現得心不在焉，急於求成，否則會給客戶一種不負責任的感覺。

👍 要保持耐心，在與客戶相處的時候，心裡可不斷告誡自己一定要有耐心，要堅持，堅持就是勝利。

👍 不要主動放棄客戶，見客戶猶豫不決時，或者認為客戶沒有購買意向時，也要堅持多加把勁。

 **45** 必要時學會說「不」，
別讓自己陷入被動

Get The Point !

對於客戶的要求，如果自己能夠滿足，那麼就可以考慮答應他。但如果客戶的要求比較過分和苛刻，就要果斷、勇敢地拒絕。需要注意的是，在拒絕客戶時，要講究方法，換位思考，說明如果答應客戶的要求會產生的結果，對客戶產生哪些損害，以尋求客戶的諒解等，別讓自己陷入被動的境地。

在銷售過程中，多多少少一定會碰到很多客戶提出的要求已經明顯影響到銷售利潤的情況，這個時候業務員就應該果斷拒絕。沒有原則地滿足客戶的不合理要求，只會無限度增加客戶想要獲得利益的欲望，容易使自己陷入被動。但是如果直接拒絕客戶卻很容易引起對方不滿，從而影響到整個溝通的效果。所以我們就必須在這時尋找到一種既能夠拒絕客戶又不讓對方反感的拒絕技巧，讓客戶在潛移默化中認識到自己所提的要求的不合理性。

某建材公司的一個業務員正在和一名建築的採購負責人進行談判。

業務員：「您對我們的產品還有什麼問題嗎？」

客戶：「我覺得你們的產品價格還是偏高，如果你能再降價，我們會認真考慮。」

業務員：「我想對於我們公司產品的品質您是十分清楚的，我們公司之所以這麼受歡迎也是因為良好的信譽。我們還會為您準備多種方案，從設計方案到材料的各種配置，您覺得這個價格合理嗎？」

客戶：「你們的產品和服務的確是不錯，但是相對於我們的預算，還是有些偏高，如果在價格上能再優惠我會考慮。」

業務員：「如果能降，我當然會給您降，但是，您知道目前原材料漲價，供應商也紛紛漲價，我們的利潤已經是非常小的了。您是行家應該都清楚，我們不能再降價了，但是可以保證為您提供全程服務，您看行嗎？」

客戶：「嗯，那好吧。」

業務員在整個銷售過程中給客戶讓步是很正常的，但務必要在確保公司和你個人利益的前提下。對於那些不合理要求，則必須堅決地予以拒絕，讓客戶明白自己要求的不合理之處，你才不會被殺得片甲不留。

銷售員在與客戶打交道時，由於買賣雙方的立場不同，就會出現矛盾和衝突，如果答應客戶的要求，可能就會損害公司的利益，業務員是忍讓妥協還是勇敢地對客戶說「不」呢？

1. 巧用上級的權威性來拒絕客戶

當客戶提出一些要求時，若是直接拒絕，可能會讓談判的氛圍變得尷尬和緊張，甚至引起客戶的反感，不利於銷售的進行。這時你可以利用上級的權威性來拒絕客戶的要求，這樣不僅能得到客戶的理解，也不至於造成業務員和客戶之間矛盾。

👍 對於客戶的一些要求，你可以說上級不同意，或者公司的政策不允許等，讓客戶知道你的確有替他去爭取了，因為公司的原因無法滿足，這樣較

易取得客戶的諒解。

👍 也可以告訴客戶，如果接受客戶的要求自己會受到什麼樣的處罰，藉此得到客戶的同情和理解。

2. 透過轉移話題實現間接拒絕

　　小梅在一家印刷公司上班，一位客戶要求將他們公司的全部印刷品都以最速件處理，並且要免費送達。小梅覺得客戶的要求成本太高，於是請客戶吃飯。在吃飯時，小梅委婉地告訴客戶：「目前我們公司資金吃緊，如果是淡季，我們還能盡力滿足這些要求。不過我們可以為您提供精美的包裝，如果您能接受，可以給我打電話。」客戶表示考慮一下，等過了一個星期之後，這位客戶聯繫小梅，表示願意和她合作。

　　小梅面對客戶的一些非分要求時，她先誠懇地說明了原因，然後轉移話題告訴客戶可以提供一些精美包裝，讓客戶感受到了她的誠意，願意跟她合作。在面對客戶非分的要求時，可以透過轉移話題實現間接拒絕，這樣既不會讓客戶沒面子，給以後留下合作的空間。

👍 當客戶對產品某些方面不滿意，如價格、顏色、款式等，你可以根據客戶的需求，突顯產品的優點，轉移話題，讓優點去吸引客戶。

👍 當公司的資源無法滿足客戶的要求時，不要給客戶「畫大餅」。你可以向客戶介紹公司的發展歷程，向客戶介紹與我們合作的好處，增加客戶的信心。

3. 透過委婉的方式拒絕客戶

客戶問業務員：「請問我買的房子，什麼時候能裝修完成？」

業務員告訴客戶：「您想早點搬到新房子的心情我非常能夠理解，但是估計還需要三個月。」

「你們裝修的速度怎麼這麼慢呢？還需要這麼長時間，一個月能完工嗎？」

「如果要求一個月內完工，裝修人員就要趕工。俗語說：慢工出細活，如果要是趕工，容易忙中出錯，最後影響您房子的裝修品質，那可就不好了。」

客戶聽完表示認同點點頭說：「那就按照原計畫裝修吧，讓工人們做仔細點。」

在面對客戶的要求時，案例中的業務員沒有答應客戶的要求，而是果斷、巧妙地拒絕客戶，客戶不但沒有生氣，還同意按照原計畫裝修，這是因為業務員站在客戶的立場上分析問題，怕影響房子的裝修品質，這樣的說法，讓客戶易於接受。

👍 要站在客戶的角度上思考，說明如果答應客戶的要求會產生的結果，會對客戶造成哪些損害，從而取得客戶的諒解。

👍 在拒絕客戶時，儘量委婉一些，不要盛氣凌人，而是跟客戶說明情況，儘量爭取客戶理解。

👍 客戶如果提出一些公司近期難以滿足的要求，但是以後能滿足，你可以找一些藉口，如告知客戶正在申請等，讓客戶耐心等待。

5. 周全拒絕法

拒絕客戶的不合理請求是必須的，但是如果方法用得不對，反倒會弄巧成拙，就會傷害到客戶，導致客戶的流失。所以，要考慮周全和長遠一些。在使用這種方法時應該注意以下幾個問題。

👍 不使用模棱兩可的回答敷衍客戶。「我再想一下」或「請多給我一些時間」等委婉的拒絕方式，這會客戶誤以為要求還有被滿足的可能，很容易造成雙方誤會，導致溝通時間延長、效率下滑。所以，在拒絕時應明確表態，給客戶明確的回答。

👍 提前說明拒絕的原因並表達歉意。拒絕客戶之前，一定要讓客戶明白自己拒絕客戶的苦衷並且表達歉意。如果你不向客戶解釋，就斷然拒絕客戶，客戶會覺得你沒有誠意，從而不願繼續合作。

👍 使用客戶能夠接受的方式拒絕他。拒絕客戶時要態度誠懇、語氣溫和，不要直截了當地嚴詞拒絕，也可以委婉地表示要求超出了自己的能力範圍。

👍 拒絕成功後不要離開。當說出拒絕的理由後，不宜立即轉身就離開，要確定客戶已經瞭解到自己的苦衷，如果客戶仍面色不悅，可視情況介紹客戶到適合的其他公司，既巧妙地拒絕了客戶的不合理請求，同時也滿足了客戶的需要，反倒能給客戶留下好印象。將客戶介紹給其他公司時要用建議性的話語，讓客戶明白你是站在他利益的角度才推薦其他公司的，避免客戶產生「你是不想與我合作」的想法，這樣才能繼續與客戶保持合作關係。

　　其實，對於業務員來說，能夠對客戶的要求進行排序和分析，不但可以幫助客戶意識到哪些要求是最重要的，而且還可以瞭解到哪些要求是可以滿足客戶的，從而做到心中有數。而當我們發現無法滿足客戶的要求，就只能告訴客戶你所能提供的對他而言是最重要的，而他要求的並不是最重要的部分，這樣客戶才有可能不再苦苦相「求」。

　　要知道，善溝通方能促成成交。當客戶只有一個要求但卻不能被滿足時，你應該首先承認客戶要求的合理性，然後告訴他為什麼現在不能滿足他。當我們不能滿足客戶的要求時，你應該給客戶提供更多的資訊和選擇，以期能和他們達成協議。只有這樣，你才能巧妙地對客戶說「不」，才能有效地達到拒絕客戶又不得罪客戶的目的，在一番妥協和折衷後，認可我們，最終促成交易。

▶不讓對方反感的拒絕技巧

46 提切中關鍵的問題，讓客戶沒理由拒絕回答

成交法則

Get The Point !

　　在與客戶進行接觸時，要對客戶進行瞭解，收集資料，可以直接問客戶，這樣得到的訊息最直接。與客戶洽談的過程中不能跟客戶爭辯，可以透過提問的方式，挖掘出客戶對現況的不滿和存在問題後，還要向客戶描述問題的嚴重性，提供客戶解決問題的方案，讓客戶無法拒絕回答。

有　　這樣一個有趣的遊戲，向別人提問，「3－2等於多少？」，別人會不假思索地說 1，然後再問「4－3等於多少？」，還是 1，就這樣依此類推，最後問「1－1等於多少？」，答題人幾乎都是脫口而出回答 1，這是因為慣性的作用。當一個人說話時，如果一開始就說出一連串的「是」，由於慣性的緣故，他的觀點就會趨向於肯定的一面。在銷售過程中，如果你用問題引導對方，問切中關鍵的問題，利用問題巧妙地讓客戶回答「是」，客戶就會在不知不覺中被你所「征服」。

1. 用問題引導對方說「是」

　　根據心理學家研究發現，當對方連續回答「是！對！好！」以後，你再問對方問題時，對方也會輕易地配合你回答「是！對！好！」，所以你可以事先想好一些能讓客戶回答「是」的問句，也可以搭配二擇一成交

193

法，原則就是讓客戶回答自己想要的答案。所以只要你引導得好，客戶就很容易被你牽著鼻子走。

業務：你是不是很重視家庭呢？

客戶：是。

業務：你是不是很愛你的太太呢？

客戶：是。

業務：你希望一家人一輩子過得很幸福快樂嗎？

客戶：希望。

業務：你是不是希望未來的日子沒有後顧之憂呢？

客戶：當然最好是這樣。

業務：既然你那麼愛你的家人，是不是希望他們有最安全的保障呢？

客戶：是呀！

業務：所以你今天買多少保險就代表你有多愛家人和太太，對嗎？

客戶：嗯！話是沒錯啦！

業務員哈里森並沒有同客戶爭辯，而是向客戶提出了一系列的問題，這些問題讓客戶沒有理由拒絕回答。除了回答「是」，客戶沒有其他的選擇。在銷售時，你可以用提問的方式引導客戶，讓客戶順著你的思路，無法拒絕你。

👍 透過提問的方式，要說服客戶挖掘出客戶現在的不足和存在的問題。例如，你可以說：「貴公司透過哪些方式吸引客戶購買呢？貴公司的宣傳效果怎麼樣呢？」

👍 在提出問題後，要認真傾聽，讓客戶把真實的想法傾訴出來。

👍 如果客戶對你的介紹表示懷疑，你可以反問客戶：「請問您很瞭解這方

面的問題嗎？」此時你要自信，同時要表現出自己的專業性。

2. 描述問題的嚴重性

　　有這樣一首民謠：「缺了一顆釘子，丟掉了一個馬蹄；缺了一個馬蹄，缺少了一匹戰馬；缺了一匹戰馬，少了一名騎手；缺了一名騎兵，結果輸了那場戰役；輸了一次戰役，最後滅亡了一個國家。」業務員要能主動替客戶發現問題，告訴客戶如果放任這些問題不管，將會出現怎樣的後果，把問題的嚴重性描述出來。你可以透過提問的方式暗示客戶，例如說：「這些問題對您在行業中的競爭地位有什麼影響呢？」向客戶提出這樣的問題，讓客戶認真考慮，畢竟客戶也希望自己往好的方面發展。

👍 引導客戶說「是」不能操之過急，要穩紮穩打，步步為營。

👍 在客戶沒有回答之前，自己先點頭，引導客戶做出肯定的回答，得到你想要的結果。

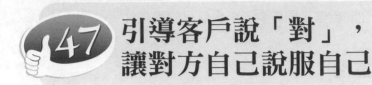

47 引導客戶說「對」，讓對方自己說服自己

成交法則

Get The Point !

　　要想成功地賣出自己的產品，就要說服客戶，要學會引導。你可以透過現場操作和演示的方法，讓客戶看到事實；還可以運用精準的資料，用資料加以論證；也可以用影響力較大的人物或者事件來加以說明，或拿出權威機構的證明為產品背書。此外，你還要告訴客戶購買產品能為客戶帶去怎樣的利益和價值，讓客戶自己說服自己。

　　「買賣不成話不到，話語一到賣三悄」，銷售的關鍵就是說服。我們要學會引導客戶，要找到巧妙的方法獲得客戶的認同，「獲得客戶的認同」的最高境界不是客戶被你說服了，而是讓客戶自己說服自己，讓客戶不去反駁你的觀點，而是轉而認同你。

1. 透過現場操作讓客戶看到事實

　　小吳來到一個高檔住宅區，準備銷售吸塵器。他按響一家門鈴後，一位女士打開了房門，小吳上前打招呼說：「您好，我能向您介紹一下我們公司的吸塵器嗎？它可是世界一流的產品。」

　　可是那位女士回答說：「我現在比較忙，而且我也不想換新的吸塵器。」

聽到客戶的拒絕，小吳沒有退縮，他徵求客戶的意見道：「那讓我用它給您的地毯清理一下好嗎？這款吸塵器吸力大，它可以吸到其他吸塵器難以吸到的灰塵，而且發出的聲音很小。」

那位女士有些懷疑地說：「如果真是這樣，那你在客廳的小地毯上試驗一下吧。」

小吳首先展示了嵌在吸塵器裡一塵不染的儲物袋，然後打開機器，非常認真地在地毯上操作了一會兒，他在地毯上鋪了一張白紙，然後把儲物袋倒空，果然吸出了一些很細小的粉塵。這位女士看到後，很驚訝效果這樣地好，於是當場就買了一台。

小吳在客戶面前進行現場操作和演示，讓客戶親眼看到產品的功能，取得了客戶的信賴。所以，在銷售時，可以透過現場操作的方法，讓客戶眼見為實，用事實作為論證，讓客戶自己說服自己。

👍 在現場操作和演示時，一定要注意動作。例如，當你向客戶銷售家用電器時，絕對不要用手敲打，要謹慎小心地觸摸，讓客戶感受到產品的尊貴和價值。

👍 可以用新奇的示範動作來展示產品，這樣效果會更好。例如，你銷售的是清洗劑，你可以一改常態，先把自己身上的衣服袖子弄髒，然後再用你的清洗劑洗淨，效果就會更好，產品就更具說服力。

2. 利用資料更容易說服客戶

在銷售過程中，我們可以多多利用客觀、精確的資料來打消客戶的疑慮。運用具體的資料資訊，能增強客戶對我們的信賴，容易引導客戶對

我們產生認同感。例如，「經實驗證明，我們公司的產品可以連續使用 3 萬個小時，絕不會出現品質問題；我們的產品在全國的銷售量已經超過了 120 萬台。」透過用精準的資料，讓客戶信服。

👍 使用資料時，一定要確保資料的準確性，如果客戶事後發現資料不夠真實和準確，反而會替你帶來負面影響。

👍 可以用影響力較大的人物或者事件來加以說明。例如，「這是奧運會的指定產品，這屆奧運會就使用了 7839 件這種產品。」

👍 可以利用權威機構加以證明，例如，「本產品經過 ×× 協會的嚴格認證，我們公司的產品完全符合國家的標準。」

👍 在運用資料加以說明時，可以提前準備好相關的資料和數據，讓客戶眼見為實。

👍 要用具體的事例，生動地講述情節，還要符合自己的產品和主題。

👍 可以結合權威的統計或者協力廠商的事例，展示自己的看法和建議，建議可以列點說明，例如，第一，第二，第三，讓客戶覺得你知識條理化，頭腦清晰。

3. 學會運用佛蘭克林說服法

奧誠良治是日本知名業務員，曾連續十六年成為日產汽車公司的銷售冠軍。為了能賣出更多的汽車，他準備了一份詳細的資料，資料上記載著購買此汽車的優點以及不購買的不便等條目整理了一份清單。在與客戶打交道時，他讓客戶看這份資料，這樣能更好地說服客戶，大多數情況下客戶會選擇購買。他把客戶購買產品所能得到的好處和不購買產品的不利

之處一條一條地列出，用列舉事實的方法增強說服力，讓客戶自己說服自己購買，這種說服客戶的方法被稱為佛蘭克林說服法。

👍 你可以告訴客戶，如果買了產品能為他帶來什麼樣的好處和利益，反之，會有什麼樣的不便，讓客戶自己進行思考和選擇。

👍 要站在客戶的角度上思考，為客戶考慮，客戶能得到什麼樣的價值等，可以告訴客戶一些關於產品的細節，某些細節同樣具有說服力。

48 及時尋找溝通出路，別讓談判陷在同一個問題上

Get The Point !

在與客戶談判時，如果雙方對一個問題爭執不下，就會讓談判陷入僵局。此時，你可以使用擱置策略，或者可以直接告訴客戶：「我們先把這個問題放一邊，先討論其他問題，可以嗎？」學習如何視情況有效地退讓，做出適當的讓步，讓談判順利進行。此外，還可以調整策略，使用新的談判方案，或者把問題化小，先解決小問題，讓雙方達成共識。

在和客戶談判的過程中，可能會遇到雙方互不讓步從而使談判陷入僵局的情形。此時，談判雙方比較集中於一點或兩點的談判條件。銷售是一個勸購的過程，這就需要業務員巧妙地運用說服術，讓客戶的思路跟著你走，別讓談判陷在一個問題上，致使談判失敗。那麼，要怎樣尋找出路，讓談判順利進行呢？

1. 使用擱置策略，尋找溝通出路

當雙方的談判陷入一個問題而無法取得進展時，可以採用擱置策略，暫時休會。這樣的方式可以讓雙方的情緒暫時恢復平穩，業務員可以趁機想一想僵局會給自己帶來什麼利益、損害，總結一下談判的進程和階段。還可以在休會期間，向自己的上級主管請示和彙報，瞭解主管對處理僵局

有沒有指導意見。

2. 要學會有效地退讓

俗話說：「有捨才有得」，在談判時，當雙方都糾結同一個問題時，有效地退讓不失為一種聰明的做法。有時候業務員可以在某些問題上做出讓步，然後在其他問題上爭取更好的條件。在局部利益上做出讓步，目的是為了保證整體的利益。

避免和客戶發生爭執，對於客戶的觀點要給予適當的認可和支持。例如，你可以說：「您說得很有道理。」在客戶說話時，不要插話和打斷客戶，讓客戶把話說完。

試著從客戶的觀點去考量，主動退讓可以讓對方感受到合作的誠意，有利於消除誤解和偏見。

3. 更換談判方案

在談判時，如果雙方僅採用一種方案進行談判，可能不能被雙方同時接受，這時就需要更換談判方案。在談判前，我們就應該提前準備出多種可供選擇的方案，而新的方案在讓對方感興趣的同時還要維護自身的利益。

4. 先溝通小問題，才能解決大問題

請先看以下這個故事，約翰小時候非常膽小，七歲時有一次被小朋友們嘲笑是膽小鬼，約翰為了 證明自己也很勇敢，便答應了和小朋友一起去爬後山。約翰克服了膽怯，一直往上爬。天漸漸黑了，小朋友們都各自回家了，約翰看不清下山的路，在山上大哭起來。這時，約翰的媽媽來了，她鼓勵約翰慢慢走下來，約翰傷心地喊：「山太高了，我沒辦法爬下

去。」「聽我說，不要想那麼多，你只管走好你眼前這一小步就可以了。」在媽媽用手電筒的照射下，約翰走下了一小步，慢慢地，約翰從山上走下來了。故事中，讓約翰從山上下來是一個大問題，先不要在這個大問題上糾結，而是先走好腳下的一小步，腳下的一小步解決了，從山上下來的「一大步」才能解決。

當談判陷入僵局時，不要想這個問題很難解決，也不要把焦點集中在一個問題上，試著先去解決小問題，一旦雙方在那些微不足道的小問題上達成共識，客戶就會變得容易被說服，從而使那些比較大的問題容易得到解決。所以，先溝通一些小問題，讓雙方達成共識，緩和僵局。在得到客戶的認同，然後再將話題轉移到大問題上。

掌控好談判節奏和氣氛，
讓整個談判輕鬆而有效

成交法則

Get The Point !

在和客戶進行談判時，一開始要和客戶語言寒暄，適時、適當地讚美客戶，透過握手、擁抱等方式，消除客戶的防備和猜疑。整個過程中你要營造輕鬆的氛圍，多微笑，要注意傾聽，不要出現和客戶搶話的現象。還可以運用幽默感，適當地講一些笑話，或者找到客戶感興趣的話題進行溝通，緩解現場的氣氛，讓整個談判變得輕鬆有效。

談判是雙方站在各自的立場上爭取各自的利益的過程。談判時，如果業務員擺出一副嚴肅的面孔，談判場所死氣沉沉，就會給人壓抑的感覺，對談判成功地進行造成不利影響。這就需要業務員掌控好談判節奏和氣氛，讓客戶在輕鬆愉快的氛圍下進行談判，這樣談判成功的機率也會大大提高。

1. 談判前先「暖場」

在談判開始前，談判的雙方往往會對對方抱有各式各樣的猜測、防備心理，要創造良好的談判氛圍，在雙方接觸時，業務員就要借助各種手段去促進雙方的瞭解，發掘出雙方的共同興趣點，為接下來的談判交流與合作打下良好的基礎。業務員可以利用語言寒暄、肢體動作等方式消除客

戶的戒備和猜疑。談判前的「暖場」十分重要，它是談判過程的潤滑劑，可以減少雙方的心理障礙。

👍 在與客戶見面時，雙方可以握手、擁抱等，以為談判「暖場」。要注意的是，握手時力度要輕，方向要正，見面要講究禮節，注意禮貌和分寸。

👍 先進行日常的寒暄、問候。例如，你可以說：「最近生意挺好的吧？」

👍 可以讚美對方。例如，說對方氣色很好等。

👍 業務員的服裝要大方得體、整齊乾淨，能夠給人留下良好的印象。

2. 在輕鬆的氛圍中談判

如果你只是一味地跟客戶滔滔不絕地講述產品，反而會讓溝通氛圍緊張而造成談判的失敗。在談判時不能忽略人情，要營造和諧和輕鬆的氛圍，讓談判輕鬆而有效，這對雙方的長遠合作有著不可忽視的重要作用。

👍 業務員要多微笑，真誠的微笑能夠拉近人與人之間的距離。

👍 要注意傾聽，不要跟客戶出現爭話、搶話的現象。傾聽不僅表示出你對客戶的尊重，還能把握客戶的需求，瞭解到重要的資訊。

👍 在還沒有和客戶深入交談前，不要滔滔不絕地介紹產品。你可以根據客戶的不同要求，進行有效的提問。

👍 發揮幽默感，適當地講一些笑話。幽默不僅能化解尷尬，還能調節現場的氣氛。

👍 在與客戶交談時，要隨時留意觀察客戶的優點，適時進行讚美。

3. 在客戶感興趣的話題中談判

　　小劉來到一家農場準備推銷冷氣，一位農婦打開門後看了他一眼，說：「又來一個推銷東西的，我不需要。」說完把門關上了。小劉想如果直接告訴客戶自己是推銷產品的，她肯定不感興趣。這時他看到院子裡養著許多雞，便繼續敲門，農婦打開了一條門縫問：「有什麼事？」他親切地說：「不好意思，打擾您了，我是來買雞蛋的。」「買雞蛋？」農婦半信半疑地說。「對啊，我妻子身體不太好，想吃雞蛋，我看見你家裡養著許多土雞，便想來這兒買些雞蛋。」農婦打開門，小劉又繼續向農婦請教：「養這些雞需要注意哪些問題嗎？」農婦自豪而熱情地為他講解養雞的知識，並帶他參觀養雞場。等參觀結束後，農婦向小劉提問一些冷氣的知識，在輕鬆愉快的溝通中，農婦訂了一台冷氣。

　　小劉巧妙地把話題轉移到農婦感興趣的問題上，讓農婦先卸下心防與他溝通，在輕鬆的氛圍中，談生意就順利多了。

👍 用提問的方式找到客戶感興趣的話題，調動客戶的興趣。

👍 在提問時，不能談論客戶的忌諱和缺點，不要談論自己的業績等。

50 少說多聽，讓每句話有分量

成交法則

Get The Point !

業務員要少說話、多傾聽，自己只說 30% 的話，把 70% 的話留給客戶去說。要認真傾聽客戶講話，態度要謙虛，不要打斷客戶講話，更不要出現與客戶爭話、搶話的現象，要讓客戶把話說完、說明白。傾聽的時候，最好給予客戶簡單的回應，例如：「好的」、「是嗎？」等。讓你說的每句話都有分量，不要說一些無關痛癢的話，而是用精簡的語言，讓你所說的每句話都起到至關重要的作用。

有些業務員業績不太好，往往是因為他們心心念念的就是要介紹產品、誇誇其談，而沒有傾聽客戶的心聲所致。這樣的業務員不僅無法得到客戶的相關資訊，甚至還會引起客戶的反感。

在購買產品的過程中，客戶都希望自己能得到業務員足夠的重視，這會讓他們產生心理上的滿足感，否則就會因感覺不被尊重和重視而失去再談下去或購買的興趣。所以對於一個業務員來說，能夠用心去傾聽客戶的話是尊重和重視客戶感受的一種表現，這能為業務員與客戶建立更良好的人際關係。

不僅如此，如果你能用心傾聽客戶的話，也能更深入瞭解到客戶對產品的意見、想法和需求，進而選擇適合客戶特點的銷售策略，向客戶推

薦最適合他們的產品。

　　所以，一定不要忽視傾聽這個好機會。用心做好這個基本功，你既能贏得客戶的尊重，又從客戶那裡瞭解到了更詳細準確的資訊，可以說是一舉兩得。

　　業務員如果說得太多，聽得太少，客戶就感受不到你的尊重。那些銷售高手往往都是傾聽的高手，懂得用心傾聽，少說多聽，讓每句話都有分量，這樣業績才會提高。

1. 少說多聽，才會讓客戶滿意

　　小李是汽車業務員，他經朋友介紹去拜訪一位客戶。剛剛和客戶見面，小李便照例遞上名片開始自我介紹，小李才說了幾個字，就被客戶用十分嚴厲的口吻打斷，客戶拉著小李坐下，並開始抱怨自己當初買車時不愉快的經歷，如車價太貴、裝備不完善、服務態度不佳……在客戶滔滔不絕地抱怨時，小李並沒有打斷客戶的講話，也沒有反駁，只是靜靜地在一旁聽他抱怨。等客戶把之前所有的怨氣都傾訴完後，客戶發現小李也不是上次向他買車的那位汽車業務員，於是很不好意思地對小李說：「年輕人，現在有沒有值得推薦的車款？」一個小時過去後，小李手裡拿著與客戶的訂單，高興地離開了。

　　這位業務員雖然沒有講幾句話但是卻成功地把產品賣了出去，這就是傾聽的魅力。傾聽能讓客戶感受到被重視，還可以緩和緊張的氣氛。所以，我們要少說話，多傾聽，自己只說 30% 的話，把 70% 的話留給客戶去說。

👍 認真傾聽客戶講話，態度要謙虛，不要覺得自己在某方面懂得多就講個

不停。

👍 不要打斷客戶講話，或是利客戶爭話、搶話，要讓客戶把話 說完、說明白。

👍 說服客戶做決策，最後的抉擇由客戶決定。

👍 在客戶表達想法或需求時，要學會記筆記，告訴客戶，你在記錄他的需求，讓他放心。在談話結束前，要彙總和回饋記下的資訊，一一和客戶確認。

👍 傾聽的時候，最好給予客戶簡單的回應，例如，「好的」、「是嗎？」等。

👍 在傾聽客戶講話的過程中不要出現東張西望、撓頭、玩筆、玩手的行為，眼睛要注視著客戶，面露微笑等，對客戶所講的話表現出極大的興趣。

2. 每句話都至關重要

業務員在銷售產品時，如果只是一味地傾聽，還不足以讓客戶心動買單。客戶到底會不會購買呢？有時客戶會與業務員玩捉迷藏的遊戲。客戶可能表面表示不想購買，其實早就急著想把產品買到手，只是心裡在盤算怎麼才能讓價格一降再降；客戶也許表面表示拒絕，其實已經對產品開始感興趣了，只是心裡在琢磨如何能得到更多的優惠。通過語言上的溝通，業務員很難全面瞭解到客戶豐富的心理變化。觀察是一個能夠更準確瞭解客戶的好方法。透過觀察客戶的表情變化和肢體動作，不僅能夠迅速把握客戶的心理變化，而且能讓客戶覺得受到重視。當然一個前提條件是，用心觀察，認真分析客戶的動作和表情，這樣才能準確把握客戶的心理。

在整個銷售過程中，「傾聽──發現問題──解決問題」是我們在進行銷售時的主要工作步驟，要讓客戶感覺到自己就是為他服務的，就是為他解決問題的，只有這樣客戶才會把自己內心真實的想法告訴你。懷著一份幫客戶解決問題的心態去面見客戶，而不是抱著賺錢的心態，這樣才

不會刻意看重結果。在傾聽的時候，你說的每句話都要有分量，不要說一些無關痛癢的話，而是用精簡的語言，讓所說的每句話都起到至關重要的作用。

👍 以客戶為主，透過提問的方式詢問客戶的需求，例如說：「您對哪些產品比較關注呢？」

👍 在與客戶溝通的時候，要用提問的方式進行詢問、確認，例如說：「您希望產品做簡易包裝，是嗎？」

👍 當客戶惡意中傷產品或者公司時，你要認真解釋誤會的起源，還可以透過提問的方式改變客戶談話的重點，例如說：「您心目中理想的理財產品是什麼樣的？」

Part **5**

銷售的關鍵是獲得**客戶認同**，
讓客戶完全依賴

How to **Close**
Every **Sale**

 **要讓客戶得到滿足，
就要認同、肯定和讚美他**

Get The Point !

想讓客戶的心理得到滿足，就要足夠地重視與尊重客戶，對客戶要表現出認同和肯定，還要有同理心，認同對方的心情、對方反對意見與觀點、對方的問題、對方的要求、對方的立場等。同時，還要善用讚美，在讚美客戶時，要發自內心地、真誠地讚美。此外，多向客戶請教也是另一種讚美。

銷售大師喬·吉拉德曾經說過：「我們的客戶也是有血有肉的人，也是一樣有感情的，他也有受到尊重的需要。「業務員如果冷漠地對待客戶，很難成交，客戶尤為看重自己是否有受到足夠重視與尊重。所以，對待客戶要認同、肯定和讚美，三管齊下，這樣才能打開客戶的心門，用心理戰術獲得客戶的認同，讓客戶對自己產生信賴感。

1. 尊重，讓客戶的心理得到滿足

家電部的銷售員小王接到一個怒氣衝衝的投訴電話，小王在迅速問明客戶地址以及購買的機型後，攜帶著一台備用的 DVD 來到了客戶家中。這位客戶還是該社區業主委員會的負責人，小王在檢查後發現，DVD 並沒有故障，而是客戶把碟片放反了，如果直接將實情說出肯定會讓客戶尷

尷萬分的。於是小王誠懇地說：「對不起，一定是我們的員工沒有把使用方式給您介紹清楚，給您帶來困擾，我們感到非常抱歉。」小王主動為客戶搭了一個下臺的臺階。

客戶溫和地說：「是啊，買的時候太匆忙了，這機器功能沒想到這麼多。」

小王於是開始向客戶操作示範 DVD 的各種功能，看著客戶高興的樣子，小王隨口說了一句：「您的液晶彩電很高檔大氣，畫質一定很好吧。」

「嗯，是挺不錯的。」

「要是配上立體聲喇叭就更相得益彰了。」客戶聽完後說：「你說得對，這樣吧，你能不能給我介紹介紹立體聲喇叭。」之後，客戶又把朋友介紹給小王，小王拿到了許多訂單。

小王巧妙地把過失推給了其他人，保全了客戶的自尊心，使客戶對小王產生了好感。在與客戶溝通時，小王讚美客戶的液晶電視非常高檔、大氣，對客戶進行讚美和認同，拉近了雙方的心理距離，從而主動再找小王買音響。

在銷售產品時，不能忽視客戶的心理，要讓客戶的心理得到滿足，首先要尊重我們的客戶，讓客戶感受到前所未有的重視，這樣才能夠贏得客戶。

👍 對待客戶要一視同仁，不要用「有色」眼光去看客戶。

👍 要熱情地為客戶做好每一項服務，注意細節，面帶微笑。

👍 要尊重客戶的選擇，照顧好客戶的情緒，隨時配合安撫。

$2.$ 對客戶不僅要認同，還要讚美

　　每一個人天生都希望被別人認同與肯定，你認同別人，才能得到別人的認同，假如你不能承認我，我又怎麼能承認你呢？所以，當你在面對客戶的時候，就要先學會認同和肯定客戶。只有我們認同客戶了，客戶才會認同我們。在與客戶溝通時，在聆聽的過程中，還必須學會對客戶進行適當的讚美。只有對客戶進行讚美了，客戶才會心情愉悅地購買我們的產品。

- 👍 多向客戶請教也是一種讚美。例如，「在這方面您是專家，可不可以請教您……」
- 👍 與客戶溝通時，不要輕易地否定客戶的看法，即便對方是在吹毛求疵，你也要讓他把話講完。
- 👍 面對很挑剔的客戶時，最好先靜靜地聽客戶說話，等客戶說完之後，在認同客戶的意見的基礎上，再表達你的見解。
- 👍 在讚美客戶的時候，要發自內心、真誠地去讚美客戶。
- 👍 要讚美客戶的閃光點，或者讚美客戶某一個比較具體的優點。
- 👍 也可以間接地讚美，讚美與客戶相關聯的人或事。
- 👍 無論在任何情況下，都要認同客戶，接著客戶最後一句話的觀點進行談論，這樣可以博得客戶的好感。

52 客戶都有軟肋，
巧妙利用客戶的心理弱點取勝

成交法則

Get The Point !

銷售產品時，要把抓住客戶的心理需求，利用客戶的心理弱點進行「攻心」。例如，客戶如果愛占小便宜，你就可以用降價促銷，或者贈送小禮物的方法去滿足他；如果客戶具有從眾心理，你可以透過舉例的形式吸引客戶。總而言之，在與客戶溝通的時候，要首先攻破客戶的內心，瞭解到客戶的心理，才能對症下藥。

銷售的關鍵是獲得客戶的認同，每一個客戶都有軟肋，我們要巧妙地利用客戶的心理弱點，讓客戶在短時間內就被你說服，進而認同產品。每個人的性格不同，情感活動也會有很大的差異。如何才能有效地把握住客戶的心理弱點，輕鬆拿下訂單呢？

1. 針對客戶的逆反心理

當人們越得不到某樣東西的時候，就越想得到，這就是人們的逆反心理。在購買產品的時候，客戶也會有這種心理。例如，業務員越是天花亂墜地介紹產品，客戶越會表現得態度冷淡，不理不睬，或者表示自己瞭解產品等。業務員越是窮追猛打，客戶就越有一種害怕上當受騙的感受，反而「逃」得越遠。

相反，如果從客戶相反的思維方式出發，要你打消他的逆反心理，他便會主動找你購買。

👍 從負面的問題下手，例如，你可以說：「今天來拜訪您，打擾到您了吧？」客戶就會回答：「沒 有啊。」

👍 不要一下子就把產品的資訊全部告訴客戶，要有所保留，讓客戶感覺到神秘，激起他的好奇心。

👍 要對客戶提一些中肯的意見，讓客戶自己做決定，不要勉強或者強勢推銷給客戶。

2. 針對客戶的從眾心理

很多人總是喜歡湊熱鬧，看到別人爭先恐後地搶購產品，自己唯恐落後也趕緊加入搶購隊伍之中。一般消費者的心理是對於沒經過別人試用過的新產品，往往比較擔心和懷疑，不太敢輕易試用，但是對於大眾都認可的產品，客戶往往容易信任。我們就可以好好利用這種從眾心理，告訴客戶這件產品很暢銷，很多人都已經使用了，很容易就能讓客戶為之心動。

👍 可以透過列舉案例的方法激發客戶的從眾心理，但所舉的案例一定要真實，符合實際情況，否則會讓客戶有上當受騙的感覺。

👍 選案例時，可以儘量挑選一些客戶比較熟悉的人或物作為列舉對象。

👍 也可列舉公司的大客戶或資深用戶，這樣更具有說服力。

3. 針對客戶的貪便宜心理

每個人都希望「天上掉餡餅」的美事發生在自己身上，貪便宜是大部分消費者都有的心理特點。針對這樣的客戶，你可以趁機讓愛貪小便宜的客戶嚐到甜頭，越是讓客戶體會到佔便宜的感覺，客戶就越容易接受你的產品或服務。

👍 利用贈品吸引客戶，例如告訴客戶買車可以贈送 50 吋大電視或空氣清淨機等。

👍 可以利用「捆綁銷售」的策略來吸引客戶，可以將銷售產品、送貨以及售後等一系列的服務形成免費的「一條龍」服務。

4. 針對客戶信任權威的心理

一些客戶害怕上當受騙，所以非常相信權威人士的話。他們需要專業的業務員為其提供專業的產品資訊以及額外的說服或證明，這樣才會消除他們的疑慮和戒心，才會毫不猶豫地付錢買單。

由於客戶是將把自己的購買行為當成一項風險的投資，他們需要專業的業務員為其提供抵抗風險的保護傘。如果客戶在購買產品的過程中，有一個專業的業務員為其提供專業的產品資訊以及額外的說明，那麼他們往往會毫不猶豫地決定購買。我們常在廣告中會看到有些品牌找專家、知名人士對產品或服務進行推薦，並且強調產品的位階，營造令人信賴的權威感。也有人善於借用名人或權威人士的格言，提高說話的權威感。即使是很普通的一句話，也會顯得意義重大，這都說明了權威感的重要。所以，在銷售活動中，你還可以多多利用權威機構的檢測報告或專家的論據來為你的產品背書。

👍 業務員要讓自己成為本行業的專家，能夠準確應對客戶提出的任何問題。

👍 要有足夠的自信，在銷售時，要善於引導客戶，保持得體、大方的專業形象。

👍 可以重點講解產品的優勢，透過對比的方法，體現出自己的產品和競爭對手的產品之間的差別，從而吸引客戶。

👍 可以用名人代言或是實際案例，來說明推薦的產品是口碑效應極好的產品。

掌握產品專業知識，成為專家	保持自信，樹立好專家形象	巧用權威人士
‧如果你是房產經紀人等這類職業，那麼應該熟知市區地形，進行住宅介紹的時候，最好讓客戶感受到你的幹練與精明，談及房屋貸款問題時，還應該利用自己財會專業知識，給客戶一種能夠獲得優質服務的感受。	‧權威業務員最大的特點就是自信，試想一個沒有自信的人做事唯唯諾諾，如何能贏得他人的信任呢？	‧善於借用名人或權威人士的格言，提高說話的權威感。在銷售活動中，你還可以多多利用權威機構的檢測報告或專家的論據來為你的產品背書。

 **53 表現親和力，消除客戶內心的顧慮和防備**

Get The Point！

　　增加自己的親和力，主要是建立在站在客戶的立場思考，處處為客戶著想，注重客戶的感受。在和客戶接觸的時候，要面露微笑，向客戶傳遞你的快樂，同時還要增加客戶對你的信任。在與客戶溝通中多談及客戶感興趣的話題，聊他想聽的、想知道的，還要用誠懇、忠實的態度對待你的客戶，對客戶所做出的承諾一定要實現，這樣才能消除客戶內心的顧慮和防備。

　　在面對客戶時，尤其是第一次拜訪客戶時，對方有防備心理是很正常的，這是一種自然的、本能的排斥心理，除非他正好餓了，而你銷售的正好是麵包。明白了這一點，是不是就能樂觀地看待客戶的排斥，不再怕客戶的冷漠。要想成功取得訂單，首先要贏取客戶的信賴，而親和力卻可以十分容易地使客戶對你產生信賴感。如果你具備了親和力，就可以消除客戶內心的顧慮和防備，而願意購買你的產品。如何才能提升親和力，讓客戶願意接近和相信你呢？

1. 善於傾聽

　　一名優秀的銷售員能透過傾聽發現客戶的需要、渴望、要求等。如

果你能耐心傾聽客戶講話時,會在無形中拉近與客戶之間的關係,消除客戶內心的顧慮和防備。

👍 眼神要有親和力和謙虛感,不要直勾勾地盯著對方,那會令客戶感到不自在。

👍 聽客戶講話時,不要打斷客戶講話。也不要表現得漫不經心,要盡力理解客戶說的話。

👍 要懂得克制自己,當你想發表高見的時候,多讓客戶說話。

2. 找到和客戶的共同點

和客戶溝通的時候,積極尋找和客戶有著共同的興趣和愛好,客戶自然而然會主動打開話匣子,覺得和你特別投緣,將你視為知己。親和力源於共同點,當銷售員和客戶存在共同點時,就能輕易消除客戶的防備。

👍 透過詢問的方式瞭解客戶的姓名、籍貫、好友、興趣愛好等,找到和客戶的共同點,多和客戶聊他感興趣的話題。

👍 透過細心的觀察,找到客戶的潛在需求,有目的地進行詢問。

👍 可以效仿客戶說話的方式或者語氣,讓客戶感覺你們沒有代溝,而樂意跟你溝通。

👍 跟客戶洽談時,應當儘量避免提及客戶抗拒的話題,否則就不容易引起客戶的共鳴。要儘量使用中性詞彙,絕對性的詞彙容易引起對方的反抗心理。

👍 在語言習慣上，應當儘量避免使用「但是」、「可是」等詞語，而代之
　　以「同時」，以避免引起客戶的反感。

3. 微笑能增加你的親和力

　　世界上沒有誰會願意和一臉苦瓜相，心態悲觀，消極的人多聊幾句。
更何況是客戶來買你的東西，你若是不用快樂感染他，他又怎麼會心甘情
願地樂意購買你的產品呢？在銷售中沒有微笑就沒有親和力，微笑是一種
真誠的態度，是內心的表白。在和客戶溝通時，首先要保持微笑。你對客
戶的微笑能消除你和客戶之間的隔閡，拉近彼此之間的距離，自然能提高
成交的機率。

54 對客戶熱情，不如對客戶多點兒關心

Get The Point !

　　對待客戶如果太熱情了，有時反而讓客戶感到緊張、不安，認為你別有目的。所以，投注熱情，不如投注關心，你可以從言語上、從細微的小事上關心客戶。在客戶生日或者節假日時，給客戶打電話或者贈送客戶一些小禮物；當客戶出現困難時，需要幫助時，不要拒絕客戶。做到真正關心客戶，關心客戶的職業發展，甚至其家人。只有真正關心客戶才能感動客戶，打動他的心，讓他樂意購買你的產品。

　　業務員有時候對客戶熱情了，會讓客戶感到緊張不自在，甚至覺得受到了「騷擾」。過於熱情的服務會讓客戶感到「盛情難卻」，第一次出於禮貌和面子購買了你的產品，去了一兩次之後，就不敢再去了，因為害怕「盛情難卻」！但是在跟客戶溝通的時候，如果你能從言語上、從細微的小事上關心客戶，反而比較能感動客戶。銷售的關鍵是獲得客戶的認同，用行動去關心客戶，才能贏得他的信賴。

1. 不要表現地過於熱情

　　銷售員瑩瑩正在店裡打掃，看見一位客戶走過來，瑩瑩於是趕緊放下抹布熱情地打招呼道：「歡迎光臨，您需要點兒什麼？」客戶沒有表情

也沒有說話，瑩瑩再次問：「您想買點什麼？」

客戶低聲說：「隨便看看。」客戶四處流覽後，目光停留在一條項鍊上。瑩瑩不失時機地上前問道：「你想買這條項鍊嗎？」誰知瑩瑩話還沒說完，客戶生氣地打斷她：「你真煩人，我看好了不會跟你說？難道你怕我偷你東西，處處盯著我？不買了。」客戶說完頭也不回地走了。

瑩瑩熱情地貼身服務，卻成了多此一舉，讓客戶惱怒地離開。在跟客戶接觸時，切記不宜過度地熱情，並不是所有的客戶都喜歡受到熱情的接待。

👍 在接待客戶時，要察顏觀色、留心客戶的性格，如果客戶不善言語，不喜歡有人在一邊喋喋不休，那麼禮貌地打聲招呼後，就該讓客戶自己挑選，不要去打擾他。

👍 不要對客戶太過熱情，讓客戶感覺到有壓力，太熱情會讓客戶緊張，反而會刻意與你拉開距離。

2. 關心客戶才能打動客戶的心

某乳製品經理李總正在接待一位怒氣衝衝的客戶：「你們這是什麼乳製品公司，只顧著自己的利益，把我們消費者的利益都放在哪裡去了……」李總被罵得莫名其妙，但見到客戶如此憤怒，於是趕緊站起來詢問：「先生，您先別激動，您能告訴我到底出現什麼問題了嗎？」「我能不激動嗎！我兒子在喝你們公司的乳製品時，竟然喝到玻璃碎片來了，你看看這就是證據。」這位客戶一邊說一邊把一瓶乳製品狠狠地放在李總的桌子上。李總趕緊拉著客戶的手說：「大哥，那孩子怎麼樣？有沒有受傷？

我們趕緊把孩子送到醫院檢查一下，孩子的安全才是最重要的。「客戶聽到李總這樣關心自己的孩子，火氣頓時消了不少，於是說：「幸好發現得及時，要真喝下去事情就麻煩了。」李總舒了一口氣，再三道歉：「大哥，真對不起，這樣的事情還真是從來沒有發生過，我們一定會給您一個滿意的交代的。您回家帶孩子去醫院檢查一下，費用您不用擔心，我們一定會負責到底的。」

　　第二天，李總就帶著禮品登門拜訪，並詢問孩子的情況。在這之後，李總每隔一段時間就會打電話或者上門拜訪這位客戶，沒想到因此成為了好朋友，這位先生還給李總介紹了很多客戶。

　　這位銷售經理敢於承擔自己的責任，並且處處關心客戶，站在客戶的立場上看問題，他的關心感動了客戶，不僅沒有失去這位客戶，相反還贏得了更多的客戶。

　　銷售員要處處關心自己的客戶，幫客戶解決困難，如此才能贏得客戶的「芳心」。

👍 適當地關心客戶的生活，例如，銷售員發現客戶要過生日了，就精心為客戶準備一份生日禮物。

👍 要真正關心客戶，關心客戶的職業發展，甚至其家人。

👍 在客戶生日或者節假日時，可以給客戶打電話或者贈送客戶一些小禮物，讓客戶感受到你的關心和溫暖。

👍 當客戶遇困難時，要盡可能提供協助，不要輕易拒絕他。

55 銷售技巧就是雙贏的藝術

Get The Point !

在銷售過程中，只有雙方利益均沾，才能既贏得現在，又贏得未來。業務員代表著企業的利益，同時也要重視客戶的利益，為客戶著想。只有滿足了客戶的需要，才能保證整個銷售環節的成功。因為你的客戶與你一樣聰明，如果你只是把自己的利益放在眼前，想占盡便宜，置對方於不顧，往往會以失敗收場。銷售其實就是雙方都在測試和運用的一種博弈論。大家都明白利益均沾的道理。此時你費盡心機想獨享利益是沒用的，不如將好處擺在眼前，與客戶分享，才是長久之計。

銷售就是交易，交易就是一個雙贏的過程。交易是一種雙方相互妥協、相互滿足、相互獲得利益的行為，雙贏這個概念簡單點講，就是互利互惠。A 可以從 B 身上得到好處，B 同時也能從 A 那裡取得利益。往往人們費盡心機想占大便宜的時候，卻總是吃了大虧。就像有句特別直白的話說「誰也比誰傻不了多少」，在你一味強調產品多麼好，你給客戶的價格多麼低時，也要坦誠地告訴客戶你的贏利點在哪裡，只有雙贏才能促使雙方達到一種穩固的合作關係。如果不能意識到這一點，總是把銷售當成一項任務去做，不懂得在方法上變通，不懂得藝術性地處理，就很容易得罪客戶，而給成交埋下隱患。

　　銷售過程中，一名業務員是否優秀，很大程度體現在他是否能夠讓客戶與客戶之間、客戶與業務員之間達成雙贏，並與客戶發展長期合作關係，從而累積人脈，實現更多的成交。成功的銷售，不僅僅是將產品成功地銷售出去，而是也要讓人有所收穫、有利益可享，即所謂的「雙贏」結局，這也是與客戶商談時彼此最希望達到的結果。

　　一對父子到 3C 賣場選購電腦。銷售員熱情地迎接上去打招呼：「請問你們想買一台什麼配置的電腦呢？」父親對兒子說：「你自己看一下需要什麼電腦。」銷售員很聰明，他發現孩子的目光總是盯著那些高價位的電腦，而父親卻只在低價電腦旁轉悠，顯然他們的意見還沒有達成一致。

　　這名業務員機靈地想，孩子比較時髦，追求高品味，想買一台高配備的電腦；而父親比較節省，大概是希望買一台便宜可以用的電腦就可以了。孩子可能正左右為難呢，既想要性能高的電腦，又怕爸爸不同意。

　　這時銷售員對這名父親說：「這種電腦雖然比較便宜，但是性能也比較一般。年輕人對電腦的要求都比較高，如果玩遊戲、上網的話，這款的配備顯然不夠。如果以後對硬體再進行升級，就更容易造成浪費了。」

　　一席話說得孩子面露喜色。這時，銷售員又轉過來對孩子說：「這款電腦的配置雖然比較高，但一般的學習、娛樂還是用不著，而且售價偏貴，買這一款可能有點浪費。」隨後，銷售員指著一台價位適中的電腦，對他們說：「你們看看這台電腦怎麼樣？它的配備不僅能滿足日常學習，也能滿足玩遊戲、上網等需要，同時有硬體升級的空間，價格也適中，比較適合你們。」

　　銷售員的一席話說得合情合理，將兩方的需求都照顧到了—— 既滿足了孩子追求高配備的需求，又滿足了父親想節省的願望。最終，雙方順利成交。

　　我們來分析一下以上的例子：有時候，業務員被拒絕是因為購買決定方受到多重因素的制約，在這樣的情況下，業務員會處於一個非常被動的地位。要扭轉這種被動局面，就要從客戶的角度來考慮問題，照顧到客戶考量的各類因素，爭取達到雙贏。案例中銷售員的聰明之處就在於滿足了客戶不同程度的要求，找到了客戶購買的平衡點，從而實現了成交。

　　銷售之道就是盡可能地找到既讓客戶滿意又讓自己獲利的中庸之道。銷售的技巧也就是能使銷售者與購買者達成一種雙贏的技巧。只要意識到這一點，並根據情況合理地組合銷售策略，就能遊刃有餘地運用銷售技巧，實現成交。

　　威廉經營著一家大公司，這個公司涉及很多領域，由於發展需要，威廉想建造一個兼營唱歌的跳舞場。

　　於是他找到了一個建築行業的新手，對他說了自己的要求，那個建築承包商答應了威廉的要求，但也提出了一些要求，那就是建成後，要允許他帶著別的客戶來參觀，藉以宣傳他的建築公司，威廉覺得這會影響自己的生意，所以拒絕了。

　　沒過多久，威廉得知，那個建築商和同行的喬治先生達成了協議，而且工程準備開工了。據說，喬治與承包商的簽約價格比自己開出得還低，而且承包商負責工程的精裝修。

　　威廉十分納悶，於是就向喬治先生探詢個究竟。喬治說：「建築商提出完工後要帶客戶過來參觀，我答應了。因為他在宣傳自己的同時，也幫我擴大了客戶群，一舉兩得，何樂而不為呢？而且我很真誠地提醒他，建築的美觀對於宣揚工程品質也是很有利的。於是建築商就答應免費進行精裝修了。就這樣我們雙方都在這筆交易中得到了好處。」

　　任何一項銷售都是這樣的。讓客戶知道你能夠滿足他的需要的同時，也在感謝因為他的購買所帶給你的利益，不要以為這樣客戶會看低你，因

為他也會覺得你待人很真誠。只有共築一個雙贏局面，才能構成你們之間長期友好的合作關係。不是嗎？

1. 堅持互惠原則

對客戶來講，「值得買的」不如「想要買的」，客戶只有明白產品會給自己帶來好處才會購買。因此，如果你只是把注意力放在銷售產品上，一心只想將產品推銷給對方，甚至為了達到目的不擇手段，那麼失去的可能比得到的更多，因為你可能賣出了一件產品，卻因此失去了一位客戶。

成功的銷售需要堅持雙方互惠的原則，力圖讓雙方都滿意。在一定前提下，業務員甚至可以做一些讓步，這樣不僅能促成交易，還能給客戶留下很好的印象，為以後繼續銷售做好鋪墊。

2. 著眼客戶的需求點，建議相應的產品

在銷售過程中，首先瞭解你的客戶有哪些方面的需求，針對這些需求進行產品說明，這樣效果會更加明顯，使他認識到購買你的產品可以給他帶來哪些實質性的改變，可以讓他從中受益，你們的交易才會成功。

例如，面對一位臉上長滿了青春痘的小姐，就需要向她著重介紹產品的去痘功效，而如果遇到一位面色黯沉的小姐，就該向她介紹產品的美白功效，因為去痘並非她所關心，掌握並且運用好「一把鑰匙開一把鎖」的道理，還有不成交的嗎？

有時候，客戶遲遲不願達成交易，主要還是對產品的品質、價格等存在異議。對此，一定要從客戶的需要出發，為其提供一種適合他的產品，千萬不要讓客戶聽出弦外之音——便宜沒好貨。此外，還應該讓客戶產生這樣的心理：我買的是一種最適合我的東西。倘若客戶嫌價錢貴，就不要再去強調產品如何好了，而應該說這個牌子定價比較高一些，我建議你用

一下另一種牌子的產品，品質也很好，價格還便宜了一些。此時，客戶在心理上就會願意接受你的推薦，這離成功交易就又近了一步。

作為業務員，客戶就是上帝，所以不能欺騙他們，而應該提高語言技巧，透過引導幫他們選擇心裡願意接受的產品即可。

3. 適當提供優惠方案

有些客戶在面對業務員銷售的產品時，確實很想買，但是可能沒有足夠的現金，所以始終無法成交。針對這種情況，可以採取提供優惠方案的方法，既讓該客戶如願以償地購買自己想要的商品，又幫助公司獲得了更多的客戶資料。

例如，你可以這樣對客戶說：「如果您每個月能帶來一位新客戶來購買我們的商品，我們便免除老客戶當月分期付款的利息，對首付款也給予優惠。」「通過這種優惠，既能讓我們公司獲得新的客戶，還能解決您想獲得更多優惠的要求，兩全其美！」相信很多客戶面對這種優惠方案，是比較願意接受的。

4. 面對異議時，專業的處理可以獲得反敗為勝的效果

在你的銷售過程中，客戶可能會針對某一點提出自己的疑問，這種時候，優秀的業務員不僅會消除他們的這些疑慮，而且還可以運用一些巧妙的方法將客戶提出的疑慮變成產品的另外一個賣點。

以下故事可能讓人有所啟發。面對客戶的同一問題，兩位銷售員以不同的回答取得了不同的效果。

客戶：「你們的產品好歸好，但價格太高了。」

業務員甲：「這種產品在市場上的價格一直都很高，與其他公司比，我們已經算低的了。造成產品價格高的原因是產品自身造價決定的，我們

總不能做虧本的生意吧……」

業務員乙:「這種產品的價格的確比同類產品要高,主要原因是它具備更優越的性能啊,它可以給您帶來更便捷、高效的使用效率,請您相信,您的投入和獲得肯定會成正比的……」

同樣一個問題,兩種不同的回答,很明顯第二種優於第一種,而事實上,最終結果也是這樣,業務員乙的交易成功了,而業務員甲的此次銷售是以失敗告終的。這是銷售反敗為勝的技巧:盡可能地對客戶的疑慮給予正面的、積極的答覆,而且應對時的語氣要賦予激情和說服力,以強化客戶購買的信心。

5. 購買前真誠交流、附加值概念、長久合作

這可以從三方面來理解。首先,業務員在介紹產品時一定要實事求是,告訴客戶真實的情況,不要把產品誇得天花亂墜,因為這樣會增加你的售後服務難度,別給自己設置障礙。其次,充分說明產品可能產生的附加值,譬如銷售節能冰箱,在說明它的製冷效果等自身價值後,告訴客戶使用它後一年節省了 ××× 度電,這些附加值也是吸引顧客的賣點。最後,客戶很怕上當受騙,所以將你的電話、住址等個人真實資料提供給客戶,讓他感受到你想與他長期合作,因為客戶也不願意與打一槍換一個地方的業務員合作的。

6. 主動表達長期合作的願望

如果商談進行得比較順利,客戶願意成交,那麼在實現成交的基礎上,你要主動表達與客戶保持長期合作的願望。有了先前的友好合作當基礎,當你再主動和客戶表示長期合作的意願時,客戶一般是不會予以拒絕的。如果你能態度誠懇地主動向客戶表示長期合作的願望,那實際上就是

在為你今後實現成交創造條件，畢竟與一位老客戶保持聯繫，要比開發一個新客戶花費的時間和精力更少，而且在交流過程中也更容易達成一致。

其實要做到這點很容易，只要你態度積極地向客戶表明這一願望即可，比如說：「很高興這次能與您進行合作，而且我十分希望咱們能夠繼續這方面的合作！」

總之，為了提高成交率，並與客戶實現長期合作，業務員就需要不斷尋求建立雙方友好關係的途徑，時時讓客戶感覺到你能夠提供令其感到滿意的產品或服務，能夠滿足其多種需求，尤其要讓客戶產生並堅定這樣的信念──「只有他才能夠保證我的需求得到最大滿足」。只有這樣，業務員才能讓銷售進行得更加順利，交易更加成功。

56 總是讓客戶感覺贏了，最後你才能贏

成交法則

Get The Point !

在銷售過程中，要適當地做出讓步，不要和客戶爭辯，要給客戶發言的空間。在語言和氣勢上盡量讓客戶感覺到贏，切忌表現得盛氣凌人，要隨和，順著客戶的觀點發言，不要打斷客戶講話，更不要與客戶發生爭執。此外，還要適當地給客戶一些優惠，如贈送客戶一些小禮品等，要為客戶營造一種贏的感覺，最後你才能成功地把產品銷售出去。

業務員在與客戶溝通、談判時，如果沒有做出絲毫讓步，甚至與客戶發生了爭執，哪怕最後獲得了表面上的成功，卻也失去了這個客戶，實際上還是輸了。如果業務員在超出預期的情況下表現讓步得非常艱難，讓客戶感覺贏了，雖然表面上看是輸給了客戶，但實際上是真正的贏家。銷售員要讓客戶感覺到優惠，這樣才能成功把產品賣給客戶。

1. 讓客戶感覺到優惠

小麗是一家糖果專賣店的店員，她長得並不是最漂亮的一個，但卻是所有店員中最受客戶歡迎的一個。許多客戶寧願多等一會兒，也要向她購買。於是有人好奇地問小麗：「你是不是給客戶的量給得特別多啊？」小麗搖搖頭說：「怎麼可能呢？我的秤一向都很準，既不會多也不會少。」

「那為什麼客戶都喜歡找你買東西呢？」小麗笑著說：「在秤東西時，我總是先少拿一點，然後再一點一點地往秤上的袋子裡加，而別的店員在秤東西時，起初都會拿得多，然後一點一點地從秤上的袋子裡往外拿，可能客戶認為我比別的店員給得多，所以才會喜歡我，哪怕多排一會兒隊也要來我這兒買東西。」利用這個技巧，小麗每個月的業績都會遠遠高於店裡的其他同事。

　　小麗之所以如此受到客戶的歡迎和喜愛，就是因為她能讓客戶們產生「撿了便宜的感覺」。

　　所以，要想迅速贏得客戶，就要營造令客戶產生「撿了便宜的感覺」的氛圍，讓客戶覺得優惠才能贏得更多的忠實客戶。

👍 制定一個高於底價的價格，在客戶要求優惠時，可以做出「艱難的讓步」，讓客戶感覺享受到了很大的優惠。

👍 可以告訴客戶現在有優惠活動，例如買一送一，滿一千送一百等。

👍 學會利用請示的技巧，讓客戶感覺我們做出了讓步。

👍 可以適當地贈送客戶一些小禮品，例如買手機送手機套、貼膜等。

2. 讓客戶感覺物超所值

　　物超所值就是產品的價格低於價值，物超所值能讓客戶感受到真正的實惠，這樣才能贏得客戶從心底對我們的認同。只有讓客戶感覺到物超所值，客戶才會指名找你買。

👍 讓客戶對你的產品產生興趣,然後告訴客戶這件產品已經被別人訂走了,讓他挑選其他的產品,最後告訴客戶,你會儘量想辦法幫他買到。這樣的過程會讓客戶產生撿便宜的感覺。

👍 限量供應。當客戶正在猶豫時,可以告訴客戶,錯過了今天,明天就要漲價,或是恢復到原價,讓客戶迅速下單。

👍 要瞭解行業動態和相關產品的資訊,運用對比的手法,把自己的產品和其他產品進行對比分析,突出本產品的優勢。

👍 不要在客戶面前顯得太強勢,要讓客戶有自信,覺得你不如他精明。

3. 在語言和氣勢上讓客戶贏

與客戶交談時,不要和客戶爭辯,盡量給客戶發言的空間,而不是滔滔不絕地與客戶談論產品,客戶剛剛說一兩句話,就被你插話甚至打斷,這樣就會引起客戶的反感。記得要在語言和氣勢上讓客戶感覺到贏,要隨和,要順著客戶的觀點發言,給客戶倍受尊重的感受。

 **有些話客戶只會暗示給你，有些事你也需要用暗示告知客戶**

Get The Point !

如果客戶說想再逛逛、沒錢或者不需要時，可能是在暗示你，希望產品價格優惠一些，這時你要透過觀察瞭解到客戶對產品的態度。此外，態度要積極，和顏悅色，態度熱情，可以透過提問等方式弄清楚客戶的真實意圖。切忌不要諷刺和挖苦客戶，要讀懂客戶的心，找到客戶真實的意圖。

在銷售過程中，有些客戶儘管開始對產品產生了一定程度的關注，但客戶會告訴你：沒有興趣、我再考慮考慮、我再逛逛等，沒有立刻購買的意思。如果你隨著客戶的話題說下去，就會讓銷售工作迅速結束。客戶會透過某些話語來暗示你，當他說考慮的時候，可能在暗示你想讓價格得到優惠，這時你也要使用暗示的方式向客戶傳達你的想法，消除客戶內心的疑慮。

1. 客戶說再轉轉的暗示語

李琳在一家男士專賣店做銷售工作。一天，一位男士走了進來，在店裡轉了起來。轉了幾圈後，他在服裝區停了下來，對著一款男士外套仔細地看了起來。李琳馬上迎了過去，為這位客戶做起了詳細的介紹，並且

引導這位客戶進行了試穿。沒想到就在雙方溝通已經進展到足夠深入時，這位客戶的購買熱情似乎一下子淡了下來。

客戶：「嗯，我還是再轉轉吧。」

銷售員：「先生，請留步，請您先別急著走好嗎？真是不好意思，先生，剛剛一定是我服務不周，沒有為您介紹清楚，所以您沒有興趣看下去了。如果您認為我哪裡做得不好，希望您能指出來，我會立即改進的。」

客戶：「這個……你的服務還可以，沒有什麼不好的。」

銷售員：「那麼我想知道，您是對我剛才為您介紹的那款外套您不滿意嗎？」

客戶：「沒有，只是後來覺得不太適合了。」

銷售員：「不過您穿上之後非常不錯啊，很能突顯您的氣質，我想您是不是有什麼其他原因呢？」

客戶：「沒有，只是想再看看而已。」

銷售員：「您穿起來的確非常不錯，我想您一定有什麼不好說出來的原因吧？」

客戶：「那好吧。實不相瞞，我覺得這件外套價格有點高，我認為不太值。」

銷售員：「原來是這個原因啊，這件衣服您穿著也挺合適的。我可以破例給您會員價八折優惠，希望您多介紹些朋友給我。」這位客戶最終買下了衣服，滿意地離開了。

當客戶說要再逛逛的時候，其實是在暗示銷售員這件衣服的價格能不能優惠一些，銷售員李琳用提問的方式瞭解了客戶真正的意圖，最終賣出商品。當客戶說再逛逛時，多數時候，客戶的這種回應只是一種藉口和暗示，也許他認為產品價格過高，希望你能以降低價格的條件挽留他；也

許他個人感覺你的服務不周或是產品品質不夠好，想以「再看看」的回應
迅速擺脫銷售場景。所以，一定要弄清楚客戶真實的意圖，才能成功留住
客戶。

👍 當客戶說要再考慮看看時，你要保持良好的態度，語言悅耳、熱情，不
能帶有情緒或者出言諷刺和挖苦客戶。

👍 面對客戶的「再逛逛」，首先管好自己的嘴，透過觀察瞭解到客戶對產
品的態度。如果客戶對產品從未表現過興趣，那麼也許就是真的沒有要
買的意願；如果客戶一直對產品比較關注，卻慢慢轉變了態度，那麼就
一定有什麼原因。此時你要透過提問等方式弄清楚客戶的真實意圖。

👍 當客戶想要轉身離開時，要真誠地挽留客戶，不管原因是什麼，都要真
誠表達你的歉意。

👍 當客戶已經要轉身離開時，可直接向客戶發問，儘快地瞭解到客戶關心
的問題。例如，「您能不能告訴我您真正的需求呢？」等。

2. 客戶說沒錢

有些客戶會用「沒錢」、「沒這筆預算」回應業務員，那些說「沒
錢」的客戶大多是在貨比三家。此時，最需要做的不是擔心客戶是否有足
夠的錢購買商品，而是要調動客戶的主動性，盡可能透過溝通增強客戶的
購買欲望，讓他對產品產生興趣。唯有先弄清楚客戶拒絕購買產品的真正
原因，再輔以正確的溝通方式，引導客戶對產品進行更深層次的認識，這
樣才能增加成交的機會。

👍 與客戶初次碰面時，察言觀色才能做到初步瞭解客戶的心理需求和方向，
再輔以相應的溝通方式，引導客戶做出選擇。

👍 當客戶表示「沒錢」時，最好先儘量找一些客戶較為關心的話題來留住
客戶，然後再用引導的方式拉近客戶與產品的關係，激發其對產品的興
趣。客戶一旦對產品產生了興趣，購買的可能就會很大。

3. 客戶說不需要的暗示

　　客戶提出「不需要」，很可能是對產品及業務員存在著一定的戒備
心理。在面對客戶「不需要」的回應時，不要立刻就主動放棄，哪怕有一
線機會，也要努力爭取。只要你能拿出始終真誠的態度，採取適當的溝通
方式，並注意語言的運用，就一定能夠贏得客戶。

👍 當客戶表示「不需要」時，可能拒絕購買的內在原因並非僅此而已，很
有可能是另有原因。這時，可以直接向客戶發問，問清楚拒絕購買的真
正原因。例如，「您是否還有其他原因呢？」

👍 客戶提出「不需要」，很可能是對產品及銷售員存在著一定的戒備心理。
此時，你要用溫和的語氣，多為客戶考慮，以消除客戶的陌生感。

58 消費者有貪便宜的心理，
找到合適的誘餌釣住它

Get The Point！

對於愛佔便宜的客戶，可以利用一些贈品來吸引他。有些優惠，不要一開始就直接告訴客戶，可以等客戶開口提出要求後再慷慨應承。優惠活動，如優惠打折、免費送貨、贈品、附加服務等。還可以利用限期優惠來刺激客戶，例如五一期間的促銷活動，錯過五一就沒有了。總而言之，就是要利用各種辦法吸引客戶。

有一部分人愛佔便宜並非真的是因為特別在乎產品價格上的優惠，而是希望享受占到便宜後那種愉快的心情。很多人都有貪便宜的心理，只要穩穩掌握客戶這樣的心理，用合適的誘餌讓客戶乖乖上鉤。

1. 巧用贈品吸引客戶

張先生開了一家電腦專賣店，店裡面除了電腦以外還陳列著各式各樣的物品，如鹹蛋超人掛飾、靠枕等各種小件家居用品，還有很多小工藝品、軟體等。雖然店面看上去顯得非常雜亂，但是生意卻好得很。

當客戶來購買電腦並坐下來喝杯茶時，會發現這裡的茶味道非常好，等終於談定了生意，客戶要離開的時候，忍不住問店主用的是什麼茶葉，這時店主就會送給客戶一包茶葉。客戶意外地得到店主的饋贈，心裡當然

特別高興。但他們不知道的是，店主早已買好了很多茶葉存在店裡。如果客戶是帶了孩子一起來的，那會引起孩子興趣的東西就更多了。但是，店主並不會主動送東西給客戶，而是等著客戶看中了店裡的某一樣東西並開口提出要求時，店主才非常「慷慨」地送出。

店主正是利用人們想占小便宜的心理，故意不說出是贈品，而在客戶主動提出後「慷慨」地送給客戶。在這種情況下，客戶反而覺得是自己占到了便宜。

👍 有的客戶特別愛殺價，對待他們要熱情並主動讚美，並且不失時機地提醒他占到了便宜。例如，送飲料時，可以特別告訴他：「別人只有一瓶，我卻給了您兩瓶」。

👍 可以先給客戶一些「小便宜」，例如優惠打折、免費送貨、贈品、附加服務等。

👍 有些優惠，不用先告訴客戶，等客戶開口提出要求後再慷慨應承，這樣效果反而更好。

2. 利用特色活動吸引客戶

一家手機專賣店為了推銷自家的新款手機，於是和一家超市進行合作。活動內容是：只要在活動期間，消費者在該家超市消費滿一定數額的產品，就可以參加免費抽獎。特等獎的獎品就是最新款的手機，此外，還有很多其他的獎項。活動開始後，購物的人絡繹不絕，活動現場也熱鬧非常，吸引了很多客戶。這家手機專賣店不僅達到了宣傳的目的，同時又間接地提升了自己的銷量。

　　這家手機專賣店利用特色活動吸引貪便宜的客戶，提高了自己的銷量。業務員在銷售自己的產品時，也可以利用一些特色活動吸引客戶，讓客戶滿載而歸。

👍 利用限期優惠刺激客戶，例如週年慶活動，規定錯過週年慶期間就沒有優惠了。客戶的貪便宜心理會告訴自己：機不可失，失不再來，過了期限、商品恢復原價後就買不到這麼便宜的價格。

👍 將銷售產品、送貨以及售後等一系列的服務，形成免費的「一條龍」服務；或者實行「買一送一」的贈送服務等。

提供贈品	「捆綁銷售」策略	辦活動促銷
·雖不能降價，但卻有贈品。這對於愛佔便宜的客戶來說，自然也是一個比較大的誘惑。	·將銷售產品、送貨以及售後等一系列的服務，形成免費的「一條龍」服務。	·如果「小便宜」不能讓客戶感到欣喜的話，那麼你可以準備一些特色的服務或者優惠來給客戶一個「意外驚喜」。

▶滿足客戶愛貪便宜的心理

59 有些想法客戶不想讓你知道，但卻在肢體語言上表露無遺

成交法則

Get The Point !

在與客戶溝通時，有些想法客戶不想讓你知道，這時你就必須能讀懂客戶的肢體語言。要做到這一點，首先要觀察客戶的眼睛，假如客戶的眼神比較冷漠，說明客戶對你抱持敵對的態度，並且充滿了警戒。其次，還要觀察客戶的頭部動作，當客戶不經意搖頭時，就表示客戶存在不滿的心理。最後，還要注意觀察客戶的手勢，當客戶揉眼睛、拽拉衣領時，表明客戶可能在說謊。

人類除了口頭語言之外，還有肢體語言。有的時候客戶安靜地聽你說話並不意味著客戶認可你；有的時候客戶直直地看著你並不意味著客戶對你的產品感興趣。所以，業務員在銷售產品的時候不僅要讀懂口頭語言，還要讀懂客戶不經意洩露的肢體語言。客戶的一些想法有時候並不想讓你知道，但卻會在肢體語言上表露無遺，所以讀懂客戶的肢體語言很重要。

1. 眼睛會洩露客戶內心的秘密

保險業務員楊榮敲開了一家客戶的門，一位婦女打開門一看是上門推銷的陌生人，就用充滿敵意的眼光看著楊榮，不說話。楊榮主動自我介

紹，同時送出了自己的小禮物，這位婦女只是「哦」了一聲。楊榮從女主
人的眼神中看出這個客戶比較冷漠，難以應付。進到屋裡後，不管楊榮怎
樣表現出自己的熱情，女主人始終神色冷淡，並且眼中滿是懷疑。他知道
女客戶的防備心相當重，正想著要怎麼消除女客戶的抵觸心理。這時，女
客戶家的小孩放學回來了，楊榮便和小孩一起玩，兩人玩得相當投緣、有
默契。女客戶看到這樣的情景，看待楊榮的眼神變得友好起來。最後，當
楊榮離開時，已經順利讓女客戶投保了。

　　這位業務員懂得觀察客戶的眼睛，善於從客戶的眼睛中窺探客戶的
心理，最終贏得了保單。在與客戶溝通時，要看客戶的眼色行事，留意和
重視客戶的感覺和反應，並在客戶試圖掩飾自己內心想法的情況下準確獲
得客戶的心中所想，這樣才能讓銷售工作順利地進行下去。

👍 如果客戶的眼神比較冷漠，說明他對你抱有敵對的態度，並且充滿了戒
　　備和懷疑，在購買產品的時候會比較謹慎小心。這時，你就要提供專業
　　可靠的資訊，讓資訊有足夠的說服力，這樣才能打消客戶的疑慮。

👍 客戶的眼睛快速地眨動，盯著業務員或者商品仔細地看，同時客戶的瞳
　　孔還會因驚奇而放大，眼皮也會不由抬高，這說明客戶對產品產生了足
　　夠的興趣，這時你需要對客戶進行有效的引導。

👍 客戶如果眼神平靜，眼睛的瞳孔保持自然狀態，不管你說什麼，他們都
　　冷靜地看著你，這說明客戶對你的產品或者談論的話題沒有興趣，此時
　　就需要用真誠的服務和優質的品質來打動客戶。

2. 點頭 YES 搖頭 NO

在銷售過程中，你可以透過「閱讀」客戶的頭部動作來瞭解客戶內心發出的訊號。如果在你介紹商品時客戶每隔一段時間就做出點頭的動作，說明客戶對你抱持積極或肯定的態度。搖頭是最容易流露出人們內心想法的動作，當一個人不想聽到一些話語或者對聽到的話語表示反感時，他們就會用搖頭表示自己的不滿。仔細觀察客戶的肢體語言，就能洞察到客戶的心理。

👍 點頭的頻率能夠顯示出客戶的耐心程度。例如，緩慢的點頭動作說明客戶對談話很感興趣，快速的點頭動作則表示客戶已經不耐煩了。相反地，當客戶陳述自己的觀點、表達自己的想法時，你也應該每隔一段時間向客戶緩緩地點頭以示你的認同。

👍 如果在推銷商品時，客戶不斷且快速地點頭，則說明他對你所介紹的商品並不感興趣。這時，你要及時轉換話題，吸引客戶的注意力，也可以用詢問的方法對客戶提問。

👍 客戶如果時不時地做出點頭的動作，就表示客戶對你所介紹的商品非常感興趣，購買的可能性很大，這時一定要及時引導客戶，促成銷售。

👍 客戶如果低頭，並做出壓低下巴的動作，則意味著其抱有否定或者攻擊性的態度，若是想要讓客戶融入到談話中，首先要先喚起客戶的積極性。

3. 手勢會不經意洩露客戶的想法

一般而言，客戶想要在語言上撒謊會顯得容易一些，而要想在肢體語言上撒謊，就顯得困難多了，因為語言是可以被反覆操練的，但手勢是

很難被刻意控制的。客戶的手勢能表現出他們的心理，只有讀懂了客戶的手勢，明白客戶內心的想法，知己知彼才能重新抓住客戶的心，獲取客戶的認同。

👍 當客戶下意識地用手遮住嘴巴，或者假裝咳嗽等來掩飾自己遮住嘴巴的手勢時，說明此時他很有可能在說謊，你必須根據你們之間的對談與互動小心辨別出真偽。

👍 當客戶出現揉眼睛的動作時，你要注意與客戶的交談內容，可能是客戶對你所說的話表示懷疑和對你說謊的表現。

👍 當客戶出現抓撓脖子的動作時，說明客戶的疑惑或者不確定，這時千萬不要聽從客戶的語言而停止介紹產品，而是要用詢問或者重複的方法讓客戶更加清楚地瞭解商品。

👍 當客戶出現拽拉衣領的動作時，不妨詢問客戶：「麻煩你再說一遍，好嗎？」讓企圖說謊的客戶露出破綻。

👍 如果客戶在說話時將手腕左右擺動，代表著客戶在說謊。如果發現客戶頻繁做出這個動作的時候，就不要輕信客戶所說的話，要再另想對策。

 **60** 沉默有多種含義，用不動聲色讓
客戶自己形成心理壓力

Get The Point !

　　與客戶談判時，如果雙方僵持不下，可以採取沉默策略。在沉默的時間裡等待客戶做決定時，一定要放鬆心情、保持微笑，讓客戶認為你是在耐心等候，使其在心情舒暢的情況下快速地做出購買決定。

有些業務員在談判的過程中口若懸河、妙語連珠，總能以語言上的絕對優勢壓倒客戶，但是最終卻發現，自己實際上並沒有得到什麼真正的利益。在銷售過程中，有時滔滔不絕地向客戶介紹商品是沒有意義的，沉默寡言的一方反而能得到更多的利益。適當地運用沉默攻勢，在不動聲色中讓客戶自己形成心理壓力，讓客戶率先做出讓步。

1. 用沉默給客戶壓力

　　小林的一位客戶在自己的公司訂購了一批產品，小林告訴客戶貨款總價不能低於十萬元。客戶認為小林報價太高，自己只能出價八萬元。雙方在談判時就商品的價格問題相持不下，誰也不肯做出讓步，談判最終不了了之。小林一連幾天都沒有給客戶打電話，眼看時間已經過去三天了。客戶看到小林始終沒有主動打來電話，合約因此無法簽訂，而他也不想因為這件事情占用太多的時間，所以忍不住給小林發去了一份傳真，稱可以

加價到九萬元。

　　小林接到客戶的傳真後，仍舊保持沉默，沒有任何回應。客戶看到自己發出去的傳真還是沒有得到對方的回應，於是按捺不住，又給小林發去了一份傳真：「看在雙方是長期合作夥伴的關係上，我可以再加價至九萬五千元，怎麼樣？」小林看完客戶的傳真後，仍舊沒有給客戶任何回覆。

　　客戶在看到自己的傳真石沉大海後，不禁焦急起來，心想：如果另找他家的話，不但要適應新的合作夥伴，商品的品質也不能得到保證，況且小林已經和自己合作了很長時間，雙方還是比較熟悉和瞭解的。客戶不想浪費時間和精力做那些沒有把握的事情。經過深思熟慮之後，客戶終於等不下去了，在第五天的時候主動給小林打電話，同意了小林的報價。

　　小林對客戶的討價還價採取沉默的態度，在不動聲色中給客戶形成了心理壓力，讓客戶主動做出了讓步。當你在與客戶談判時，不可輕易地做出讓步，在銷售過程中保持適當的沉默，不僅能夠給客戶製造壓力，迫使他們做出讓步，還能最大限度地掩飾自己的底牌。

👍 在與客戶談判時，如果雙方僵持不下，可以考慮採取沉默的態度。這樣就在無形中給客戶施加了壓力，迫使客戶做出讓步。

👍 在談判過程中，可以先提出成交請求，然後身體坐在椅子上稍微前傾，並伸出一隻手，保持沉默。在沉默的時間裡等待客戶做決定時，一定要放鬆心情、保持微笑，讓客戶認為你是在耐心等候，使其在心情舒暢的情況下快速地做出購買決定。

2. 用沉默給客戶留下思考的餘地

博恩‧崔西是一家保險公司的業務員，他按照事先安排好的銷售計畫去拜訪一對擁有 11 個孩子的夫妻。這對夫妻中的丈夫剛剛死於一場車禍，當走進這戶人家時，博恩‧崔西看到身著黑色套裝的女主人，她臉上滿是悲傷。博恩‧崔西做完自我介紹後，女主人表示沒有心情購買任何產品。博恩‧崔西表示此次前來只想為逝去的男主人獻上一束鮮花，在獻完鮮花後，女主人邀請博恩‧崔西坐下來喝一杯咖啡。之後，女主人開始談論那場突如其來的車禍以及車禍為其帶來的悲痛。博恩‧崔西無法用合適的語言安慰悲傷至極的女主人，只能保持沉默。當女主人情緒緩和一點後，表示自己目前沒有任何心思為孩子購買保險。

聽到女主人的拒絕，博恩‧崔西說：「如果您現在為孩子購買儲蓄保險，即使您以後沒有固定收入，孩子們的教育和未來也不至於沒有依靠。」然後，他開始一言不發，保持沉默。在博恩‧崔西的沉默中，女主人坐在椅子上思索著，最後她決定為孩子們購買保險。

博恩‧崔西懂得沉默的藝術，他先讓女主人抒發自己的悲痛，之後讓女主人在沉默中冷靜思考，最終購買了保險。銷售是一個相互溝通的過程，你不僅要滿足客戶的物質需求，還要滿足客戶的心理需求，這不僅需要業務員適度地表現，還需要巧妙地沉默。

Learning Tips

👍 要讓語言精練和適度，不要自己講個不停，以引起客戶的反感。

👍 客戶在做決定時，記得保持安靜，讓客戶在安靜的環境下思考。

61 面對客戶的猶豫，巧妙運用客戶的折衷心理

成交法則

Get The Point !

在做出購買決定前，客戶會對產品進行分析，權衡利弊，此時請不要打斷客戶的抉擇過程。此外，客戶總是希望有更多、更彈性的產品選擇空間，所以，在向客戶推銷產品時，要為客戶提供盡可能多的選擇，如多準備幾種不同型號、不同工藝、不同品質的產品，或不同價位的產品，從而滿足客戶的折衷心理。

消費者在選購商品時，同一款產品如果有高中低三個價格，一般情況下會選擇價格適中的那一款，這就是「折衷效應」。同樣地，客戶在做出一個購買決策時，也需要全盤考慮、權衡利弊，希望自己能夠買到物有所值又能滿足自己需求的產品。如果你能巧妙利用客戶的折衷心理，就會讓客戶快速選擇你的產品，讓你的產品馬上銷售一空。

1. 說服客戶權衡得失

小馬急需購買一把辦公椅，於是來到一家辦公用品專賣店。經過挑選後，他看中了兩款樣式差不多的辦公椅。他指著椅子問：「這些辦公椅都是一個價位嗎？」

銷售員走上前扶著其中一把說：「不是的，先生。這款椅子 1600 元，

旁邊的那款椅子 1300 元。我們到沙發上詳談吧。」

小馬充滿疑惑地說：「不用了，我今天只是先來看看，這兩把椅子看起來差不多，為什麼價格差那麼多呢？」

銷售員說：「您可以坐上去比較一下。」小馬分別到兩把椅子上試坐了片刻，然後又問：「為什麼那把價格便宜的椅子坐上去反而更舒服呢？那把 1600 元的 椅子坐上去甚至還有些硬。」

銷售員笑著說：「這是因為 1600 元的椅子內部彈簧數較多，雖然最初坐上去感覺有點硬，但它是完全依照人體工學設計的，您即使長期坐在上面也不會感覺疲倦。同時，彈簧數量多就不會因為變形而影響坐姿。這把椅子除了增加了輔助正確坐姿的彈簧之外，還配備了先進的純鋼旋轉支架，這種支架比普通支架的壽命要長兩倍。所以這種椅子不但更有益於人體健康、使用壽命更長，而且還消除了安全隱患。」 銷售員又說：「那把 1300 元的椅子也不錯，不過在對人體健康有效的功能上和使用壽命上卻遠遠不如這一把。就看您覺得哪一款比較合適呢？」小馬最後選擇了那把 1600 元的椅子，並認為這把椅子物有所值。

客戶在購買產品時，由於受到各種條件的侷限而無法買到完全稱心如意的產品，當自己期望中的條件不可能全部實現時，客戶就必須在心裡進行一番權衡。此時，你就要站在客戶的角度上考慮問題，要根據客戶的實際需求幫客戶做出決定。

👍 在客戶針對產品權衡利弊、思考該選哪一款的過程中，此時不要打斷客戶的抉擇過程，不然會引起客戶的不滿和反感。

👍 在客戶挑選產品時，不僅應該給予客戶足夠的理解與關心，還要給予客

戶一些建議。如果客戶更在意價格，你可以向客戶推薦一些物美價廉的產品。

👍 給客戶提供建議，但最終還是要讓客戶自己做選擇，業務員不要幫客戶做決定。

2. 給客戶留下選擇的空間

客戶需要針對產品的各種條件進行考量、利弊權衡，在購買產品的時候希望選擇的空間更大。即使你提供的產品符合他們的要求，客戶也希望到選擇空間更大的商家那裡去。這種心理是折衷心理的重要體現。業務員在向客戶介紹產品時，可以盡可能地提供種類、價位更多的產品，讓客戶在更大的空間內進行選擇，這樣才能利用客戶的折衷心理促成交易。

👍 業務員在向客戶推銷產品時，要給客戶留下廣闊的選擇空間，如多準備幾種不同型號、不同工藝、不同品質的產品，或不同價位的產品，從而滿足客戶的折衷心理。

👍 要根據自己的觀察和分析，針對不同的客戶需求向客戶提出合理建議，說服客戶做出選擇。

👍 客戶總是希望以更少的錢購買到更滿意的商品，當條件不允許時，他們會衡量自己的需要做出選擇，而你要確實掌握客戶的選擇傾向。

Part 6

高效談判，
讓客戶異議不攻自破

How to Close
Every Sale

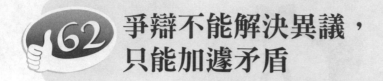

62　爭辯不能解決異議，只能加邊矛盾

Get The Point！

當客戶對你的產品或服務產生異議時，千萬不要和客戶爭辯，即使輕微的爭辯，也可能影響順利成交。與客戶交流時，要控制好自己的情緒，讓自己保持冷靜，耐心傾聽客戶說話，並找到相同的意見。爭辯只能加深矛盾，當客戶提出反對看法且有事實依據時，應該先承認並欣然接受，強力否認事實是不明智的舉動，此時，設法給客戶一些補償，讓客戶心理取得平衡才是解決問題之道。解決異議的辦法有很多，但絕對不要使用爭辯的方法。

客戶對你的產品或服務有意見，是難免的，有些客戶甚至措詞激烈。此時如果你逞口舌之快和客戶爭辯，往往不能夠解決問題，還會令客戶的難堪，讓客戶沒面子，客戶自然而然地會拒絕購買你的產品。在客戶產生異議時，你該怎麼解決呢？

1. 爭辯不能解決異議

小安到客戶家去推銷產品。在做完自我介紹後，他開始滔滔不絕地向客戶介紹產品，他以為客戶會對這款製麵包機有極大的興趣，沒想到客戶說：「你們的產品都沒有名氣，電器我們一直都是買日系的松下電器，

我沒考慮要買別家的。」

小安著急地跟客戶爭辯道：「這款麵包機是我們公司最新研發的，功能及製程明顯比別家快又便捷，性價比與松下那款相比一點兒也不差。」聽完此言，客戶急了：「總之我沒有聽過你們的品牌，你們的麵包機沒準是山寨機，是模仿的。」

小安正要繼續跟客戶爭辯下去，客戶生氣地說：「都說了不考慮小品牌的，怎麼這麼囉嗦。」然後直接拒絕了小安。

小安跟客戶爭辯，即使爭辯贏了，卻因此激怒了客戶，讓客戶因為丟了面子而拒絕購買他的產品。所以，在與客戶溝通時，如果客戶對產品有了異議，千萬不要和客戶爭辯，這樣只能加邃矛盾，最後談不成生意。

👍 銷售過程中，不要和客戶進行爭辯，即使輕微的爭辯，也要加以避免。

👍 在銷售過程中，雙方如果產生了異議，你要盡量避免爭論，少講話，要先肯定和認同客戶的觀點。

👍 在與客戶交流時，先控制好你的情緒，讓自己保持冷靜，耐心傾聽客戶說話，並找到相同的意見，要誠實、寬容、耐心，並感激你的客戶對產品或服務的不足之處提出了意見。

2. 找到異議產生的原因，才能對症下藥

客戶產生異議存在兩方面的原因：一方面是由於客戶本身的問題，例如客戶情緒處於低潮，沒有心情談，這樣就容易產生異議；另一方面是業務員自身的問題，例如業務員過於強勢，讓客戶不舒服，或者使用了過多的專業術語，讓客戶有所不滿。只有瞭解異議產生的可能原因，業務員

才能更冷靜地判斷異議產生的真正原因，並針對原因「對症下藥」，才能真正化解異議。

👍 當客戶提出反對意見，而這些意見和眼前的生意扯不上直接的關係時，你可以面帶微笑地認可，再避重就輕地採用忽視的方法處理異議。

👍 當客戶提出異議且有事實依據時，就應該承認並欣然接受，強力否認是不明智的舉動。接著再設法給客戶一些補償或淡化這個異議的影響，讓客戶心理取得平衡。例如，客戶嫌車身過短時，你可以說：「車身短在市區停車反而方便些。」同時，贈送客戶一些汽車保養產品。

👍 當客戶提出某些不購買的異議時，你要能立即將客戶的反對意見直接轉換成他必須購買的理由。例如，別人勸酒時，你說不會喝，對方立刻回答說，就是因為不會喝，才要多喝、多練習。

👍 業務員要透過詢問的方式把握住客戶真正的異議點。唯有瞭解客戶真實的反對原因，才能更好地處理客戶的問題和意見。

👍 不要直接反駁客戶，可以採用「是的……如果……」的句式，讓客戶聽起來順心順耳，從而更容易接受你的產品。

63 曉之以理，動之以情，
引導客戶走向你設定的方向

Get The Point !

　　為了有效避免客戶提出異議，首先就要學會引導客戶。與客戶溝通時，要曉之以理、動之以情，先問客戶幾個簡單的問題，找出其需求所在。還可以對客戶進行巧妙的暗示，多對產品進行肯定性的暗示，讓客戶感受到產品的功能和優勢。有效運用同理心，用詢問的方式誘導客戶說出真心話。只有善於引導客戶的業務員，才能征服客戶，成功拿下訂單。

　　在銷售的過程中，如果不能解決客戶的異議，就無法順利成交。要避免客戶提出異議，首先要站在客戶的立場，理解客戶的心理和想法，曉之以理，動之以情，善於引導客戶，讓客戶的情緒和思路受到你的引導，這樣才能避免客戶提出異議和拒絕。怎樣才能把客戶向預期的方向引導呢？

1. 要引導客戶說「是」

　　與客戶溝通的時候，一旦客戶說出「不」後，要讓客戶改為說「是」就很困難了。因此，要先準備好讓客戶說出「是」的話題。例如，在拜訪客戶時，對客戶說：「在拜訪您之前，我已經看過您的車了，車庫好像剛蓋好沒多久嗎？」業務員只要說的是事實，客戶就不會否認，自然就會說

「是」了。

　　順利得到對方第一句「是」之後，要繼續引導客戶：「那您一定知道，有車庫車子比較不易變舊或損壞吧？」一般情況下，客戶會認同銷售員的觀點，這樣就會得到第二句「是」，當客戶連續說幾次「是」之後，就會習慣性地說「是」，這樣能更好地避免客戶提出異議和拒絕。

2. 對客戶進行巧妙的暗示

　　在與客戶溝通時，應該多對產品進行肯定性的暗示。例如，你可以說：「先生，您的家裡如果使用了本公司的產品，肯定會成為您附近當中最漂亮的房子！」「敝社的保險是您最好的投資機會，六年後開始返還，您獲得的紅利正好可以支付您女兒上大學的費用。」在你做出暗示後，要給客戶充分的時間思考，在你認為客戶已經具備購買意向時，再提出成交要求。只要在銷售產品時，適當地給客戶一些暗示，把客戶朝你設定的預期方向引導，客戶的態度就會變得積極起來。

3. 引導客戶說出真心話

　　一些客戶先前對產品一直表示贊同，但是到了要下決定的重要關頭卻又退縮，「考慮看看再說」是客戶經常使用的拒絕理由。在這種情形中，客戶很可能是沒有打算購買，只想敷衍業務員，在用緩兵之計。如果真的就這樣認為客戶會好好考慮，可能就會因此失去訂單。但是如果你直接詢問，可能會增加客戶的厭惡和反感。所以，你要換一種角度和方式，引出客戶真正的想法，只有讓客戶說出真心話，才有希望讓客戶選擇我們的產品。

　　你可以透過詢問的方式，向客戶提出問題。例如，「您是不是也很喜歡這個課程，但是又怕繳費負擔太重？」你要調整好自己的心態，不要

害怕被客戶拒絕，要堅強勇敢地面對客戶的拒絕，一步步誘導客戶說出真心話。

我們要站在客戶的角度上思考，可以有效運用同理心。例如，你可以說：「您的心情我非常能夠理解，您之前買到過假冒偽劣產品，所以擔心品質問題也是很正常的。」……如此真正做到曉之以理，動之以情，多替客戶考慮和著想，才能有效地引導客戶說出真心話。

 **64** **別亂了陣腳，有步驟地處理客戶異議**

Get The Point !

在處理客戶異議時，一定不要驚慌，要保持冷靜，有步驟地處理客戶異議。首先，要認真傾聽客戶講話，不插話、不逞口舌之快；其次，對客戶提出的異議，要先表示理解，有效地運用同理心，並且還要重複和確認客戶的異議，表現出對客戶的尊重；最後，還要及時回應客戶的異議，將有關的事實、資料、資料或證明展示給客戶。唯有有步驟、有條理地處理異議，才能順利成交。

在銷售過程中，我們不可避免地都會遭到客戶的異議，如果不能成功地處理客戶的異議，就會影響銷售進度，想要成交沒那麼容易了。當客戶提出異議時，先不要驚慌，要有條理、有步驟地處理客戶異議。因此，事先規劃好處理客戶異議的步驟非常重要，怎樣才能有步驟地處理客戶異議呢？

1. 認真傾聽客戶的異議

一些業務員尤其是銷售新手在向客戶介紹產品時，一旦聽到客戶的異議，就會特別緊張，沒辦法認真聽客戶講話，甚至和客戶發生爭辯或衝突，想說贏客戶，或者在氣勢上壓倒客戶，結果卻引起對方的反感，最終

讓客戶拂袖而去。

因此，在處理客戶異議時，應該全神貫注地認真傾聽客戶的想法，不要打斷，要讓客戶暢所欲言，然後做出適時的引導，最後再誠懇而真誠地解答客戶的異議。只有仔細傾聽客戶的異議，才能弄清楚客戶的反對意見是真實的還是虛假的，是需要緊急處理的異議還是需要推遲解答的異議。另外，在傾聽客戶講話時，還要帶著濃厚的興趣去傾聽客戶的異議，讓客戶感受到你的關切和重視，這樣他才會願意把自己心中真實的想法告訴你。

2. 理解客戶的異議

首先要對客戶的藉口表示認同，就算你已經發現客戶所說的不過是藉口而已，你也不能直接反駁他。而是要先認同他，這能讓他感覺到你是尊重他的、為他著想的，從而開始對你產生信任感。

例如，當客戶提出：「你們筆電怎麼漲這麼多？其他廠牌都沒有這種現象，我覺得你們賣太貴了。」你該這樣回答：「是啊，您消息靈通得都快變成業內行家了，想必您也明白我們用的是最新規格。根據市場行情，不久可能還會漲價，所以這次您得多進一些了。」此時，如果你的語氣肯定，態度真誠，客戶即便沒有馬上改變想法，也會因此對你多些好感，增加成交的可能。

對客戶的異議表示理解，並不是同意或者同情客戶的異議，而是對客戶的反對意見表示理解。當客戶提出異議時，我們要先理解客戶的心理和立場，你可以這樣回答——

「我明白您為什麼有這樣的感受，其實很多客戶開始也有和您一樣的感受，但是一旦使用了這種產品，他們就發覺自己喜歡上這個產品了。」

「是的，這一點很重要。」

「我理解您為什麼有這種感覺。」

「這個問題您提得真好。」

對客戶表示理解，能拉近其與客戶之間的距離，讓客戶願意對你傾訴更多內心的想法。

在回答客戶的異議時，不要使用「但是」或者「然而」這樣的轉折詞，因為使用這兩個詞就意味著要否定它們前面的那句話，因而也就在你和客戶之間豎起了一道障礙，你可以使用「其中值得注意的是……」來替代。

3. 重複並確認客戶提出的異議

當客戶提出異議時，你要重複客戶的異議，例如，「您的意思是說這個產品的價格有點貴，這就是您不願意購買的原因嗎？」如果客戶的回答是肯定的，你接著要提出與之相應的購買利益；如果感覺到客戶還有其他疑慮，就要繼續透過發問來瞭解客戶的真實想法，並逐一予以解答。

重複並確認客戶提出的異議，能展現你確實有在認真聽取客戶的異議，體現出對客戶的重視及尊重，並能澄清自己是否明白客戶想要表達的意思，同時可以使客戶在業務員重複提問時對自己的觀點進行思考，鼓勵客戶以合乎邏輯的方式繼續表達他的想法。此外，重複並確認客戶提出的異議可以留給業務員思考客戶異議的時間。

4. 回應客戶的異議

對於客戶提出的異議，要及時做出回應，可以選擇用提問的方式找到異議的原因，如用「誰」、「什麼」、「為什麼」、「何時」、「何地」、「何種方式」等開放式的問句發問。在發問前，業務員應該有一個短暫的停頓，因為短暫的停頓會令客戶覺得你的回答及發問是經過思考的，是負責任的，而不是隨意說出來敷衍客戶的。這個停頓也會讓客戶更加注意去

聽取你的意見。

對客戶提出的異議，一定要選擇恰當的時機，用沉著、直爽、坦白的態度，將相關的事實、資料、資料或證明展示給客戶。這個過程要在和諧友好的氛圍下進行，並措辭恰當，語調溫和，及時回應並解答客戶的異議。

5. 以異議為話題與客戶深入探討

藉口往往沒有什麼可以成立的理由，能搪塞卻論據不足，即便有一定的道理可言，也難免牽強附會，在提出種種藉口時，客戶的想法也往往是遊移不定的。所以面對這些藉口時，你就要不失時機地反問客戶，如，「您能告訴我為什麼嗎？」、「我對您的觀點很感興趣，您能進一步向我解釋一下嗎？」、「為什麼您這樣覺得呢？」等，以藉口為話題與客戶深入對話，然後加以勸導，攻破客戶的藉口。

以下這位業務員就把握得很好。

業務員：「我們的洗碗機非常不錯，我想您一定很需要。」

客戶：「不用，我覺得這對我們家不太適用。」

業務員：「哦，為什麼您覺得不適用呢？」

客戶：「我不用上班，只要在家料理家務就可以了，所以洗碗這種事情，我親自動手就可以了。」

業務員：「哦，原來是這樣啊，那您可真夠辛苦的，還要接送孩子上學，還得一人做所有家務。」

客戶：「可不是嘛，早上得第一個起床，給先生和孩子準備早餐，然後送孩子上學，回來經過市場去買一天用的蔬菜，回家後緊接著收拾房間，擦地板，洗衣服，準備晚飯，去接孩子放學，回家後一邊做飯一邊輔導孩子作業，一直忙到晚上大家都吃完飯了，我就像散了骨架一樣，真比

上班還累呢。」

業務員：「太太，您真是不容易啊，不過看您把家裡收拾得這麼乾淨，您的先生一定很開心能娶到您這麼好的太太。」

客戶：「我的先生很愛我。」

業務員：「要是有人幫您洗碗、做飯就好了。」

客戶：「是啊，別說做飯了，只要幫我洗碗就好了。」

客戶：「對了，你剛才說的洗碗機再給我介紹介紹吧！」

客戶解釋藉口時往往會暴露自己的潛在需求，這時候恰恰是你攻下客戶的最好切入點，在談話過程中，委婉地向客戶提問，耐心地認真傾聽，那麼你很快就能發現客戶的需求，找到銷售的切入點，進一步展開銷售。

6. 用準確、充足的論據資訊徹底說服客戶

當你透過溝通充分掌握了客戶的需求，你就有機會說服並贏得這個客戶，但是前提是，你必須能拿出充足的論據來。如果你不能保證你提供的資訊準確與否，那麼一旦被客戶抓住你在資訊提供上的差錯，就會使客戶喪失和你交易的信心。只有準備充足的論據，才能為你留住客戶。

什麼才算是充足的論據呢？我們先來看一個銷售情景故事。

客戶：「價格真的太貴了！」

銷售員：「小姐，那您認為貴了多少錢呢？」

客戶：「至少是貴了 500 元吧。」

銷售員：「請問您認為這套化妝品能用多久呢？」客戶：「這個嘛，我比較省，怎麼也要用半年吧。」

銷售員：「如果用原來牌子的化妝品，要用多久呢？」

客戶：「原來那個兩個月要買一套吧，因為效果不太明顯。」

銷售員：「您看，您原來那個牌子的化妝品是 1200 元一套，可以用兩、

三個月，我們按照三個月計算，您半年需要花 2400 元，但是小姐，實不相瞞，我們這種化妝品一套至少可以用一年，這是所有客戶共同得出的經驗，由於它富含的營養成分比較多，所以只要稍微用一點，效果就很明顯了。」

客戶：「真的是這樣的嗎？」

銷售員：「這是我的客戶共同的見證。這個週末您有時間嗎？我已經約了所有客戶舉行一個分享會，希望您也能參加。」

客戶：「這樣啊，好，我相信其他女孩子的眼力⋯⋯」

這個銷售員的充足論據就是為客戶計算產品的使用價值上，這種顯而易見的事實，很容易贏得客戶的認同。客戶的藉口總是多種多樣的，只要你能夠熟練掌握以上所說的方法和技巧，

將其運用到自己的實際銷售中去，你就能清楚地看到問題的真相，從容地找到問題的突破口，快速破解客戶藉口，不被客戶所迷惑，成功取得訂單。

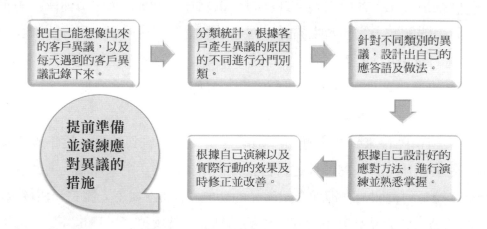

提前準備並演練應對異議的措施

- 把自己能想像出來的客戶異議，以及每天遇到的客戶異議記錄下來。
- 分類統計。根據客戶產生異議的原因的不同進行分門別類。
- 針對不同類別的異議，設計出自己的應答語及做法。
- 根據自己設計好的應對方法，進行演練並熟悉掌握。
- 根據自己演練以及實際行動的效果及時修正並改善。

**65** 可以直接否認客戶的異議，
但要把握好「度」

成交法則

Get The Point !

當客戶產生了異議時，有些時候可以直接否認客戶的異議。在否定客戶時，態度要真誠、委婉，語氣要誠懇，面帶微笑，千萬不要怒氣衝衝地訓斥和指責客戶，更不要言語挖苦。在委婉說話的同時，要考慮客戶的感受，儘量把反駁的意見堅守「對事不對人」，而不是針對客戶。可以讓客戶看一些相關的資料，使客戶產生信任感。

有些情況是，客戶由於不真實的資訊或者片面的訊息而對你或產品產生誤解時，容易產生異議。你可以否認客戶的異議，直接糾正客戶對問題的看法，從而消除異議。不過，在這個過程中，應該把握好「度」，否則會使客戶對你反感，不利於成交。怎樣才能適度地處理好客戶異議呢？

業務員阿梅來到一家社區，她敲響房門後，看到的是一位年輕的女士。阿梅遞出名片，熱情地進行自我介紹。年輕的女主人邀請阿梅到客廳詳談，於是阿梅開始詳細地介紹產品的功能和性能。女主人聽完介紹後說：「你們公司的產品品質不太好，產品用幾個月就壞掉了，只是外觀看起來特別好看，就是不耐用。」

阿梅聽完後生氣地說：「請問您使用過我們的產品嗎？我們的產品

銷量總數為 20 萬件，得到了廣大消費者的歡迎和喜愛，如果產品品質不好會有這麼高的銷量嗎？」

女主人臉色陰沉著說：「我朋友用過，不管怎麼樣，我絕對不會買你的產品。」之沒多久阿梅就氣呼呼地離開了客戶的家。

阿梅在聽到客戶的異議時，用生氣的態度直接質問客戶，一下子就讓溝通氣氛瞬間僵化，讓客戶產生了敵對心理，這時產品即使再怎麼好，客戶也不願再多看一眼了。所以，直接否認客戶的異議時，一定要客觀、冷靜，千萬不要激怒客戶，應該用友好的態度慢慢說服客戶。

1. 態度要委婉、真誠

如果怒氣衝衝地訓斥或指責客戶，甚至言語挖苦客戶，就會直接刺傷客戶的自尊心，引起客戶的反感和不滿，脾氣火爆的客戶甚至會跟業務員大吵一架，即將到手的訂單也因此飛了。

因此，在否定客戶時，要真誠，態度要委婉，語氣要誠懇，最好面帶微笑，確實做到理直氣和。

2. 對事不對人

當你決定要直接反駁客戶時，不僅說話要委婉，還要考慮到客戶的感受。當你直接否定客戶的異議時，客戶心裡多少還是有些不滿的。這時，應儘量把反駁的意見針對事情本身，而不是針對客戶，做到對事不對人。

3. 更有說服力地否認客戶的異議

在與客戶溝通時，對於客戶的不滿或質疑時，可以讓他看一些相關的資料，或者可以用舉例子、其他老客戶的分享來說服他。

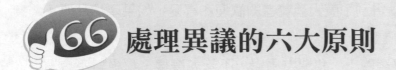
66 處理異議的六大原則

成交法則

Get The Point!

　　處理異議首先要事先設想到客戶可能提出的異議或質疑,想好怎麼回答,並統一整理好處理各種異議的話術。其次,透過傾聽去瞭解客戶內心真實的想法,並且要有目的地做好異議記錄。最後,對於客戶提出的異議,要友善地回應與處理,不要和客戶爭論,並尊重他的感受,站在他的角度上思考,給予理解,然後抓住時機,及時回應客戶的異議。

客戶對我們公司、產品或業務員個人,都不可避免地會有異議是客戶對產品產生興趣的訊號,你要想「嫌貨人才是買貨人」。如果業務員能有效地處理客戶的異議,成交就有望了。要真正處理客戶異議,銷售員首先要遵循處理客戶異議的原則,只有遵循這些原則,才能讓客戶心服口服。

1. 有準備才能更好地處理異議

　　機會總是留給有準備的人的,事先做好準備才能更好地處理客戶的異議。對產品的功能、價格、企業文化、公司的發展情況等業務員都要熟練掌握,這些內容不但是我們在銷售之前必備的常識,同時也是客戶可能會產生異議的問題根源。只有事先想到客戶可能會在意或提出的異議,想

好怎麼回答，並統一整理好處理各種異議的話術，才可以做到「兵來將擋，水來土掩」，處理異議就顯得遊刃有餘。

2. 認真聆聽，詳細記錄

面對客戶的異議，保持沉默和據理力爭都是不可取的，都不能有效地解決問題。你要積極地透過傾聽進一步瞭解客戶內心真實的想法，瞭解問題的關鍵點，為更好地處理異議找到突破口，化解客戶的疑慮客戶也會因為受到我們的真誠對待，動搖之前堅持的觀點。

傾聽時，應該做好詳細的記錄，因為憑藉記憶容易出現錯誤和誤差。有目的地做好異議記錄，這樣在回答客戶異議時，才能更聚焦地把握住重點。

3. 避免爭論，友善處理

客戶提出異議、問題的目的，是需要得到正確的說法，這都屬於正常的客戶異議。一定不能與客戶爭辯，哪怕客戶的異議毫無道理和根據，我們也必須委婉解釋而不作正面交鋒，心平氣和地談問題，真心誠意地解決問題。如果與客戶言語交鋒，就算贏得了結果，到頭來卻輸掉了生意，一點都不值得。

對於客戶提出的異議，要友善地進行處理，語調要溫和，措辭要恰當，應以坦白、直率的態度，將相關的事實、資料或證明，以口述或書面方式送交客戶。

4. 尊重客戶，給足客戶面子

每個人都有受尊重的需求，都希望得到別人的尊重，在處理客戶異議時，一定不要忽視或輕視客戶異議，以免引起客戶的不滿或懷疑，而使

交易破局。而你更不能赤裸裸地直接反駁客戶，如果粗魯地表示反對，甚至指責其愚昧無知，會使客戶受到傷害，如果讓客戶感覺到業務員不給面子、不尊重他，甚至羞辱他，這筆生意如何能談得成？

　　建議你保持熱情態度，正確運用讚美技巧，站在客戶的角度上思考問題，盡可能地和客戶「搏感情」，縮短彼此間的距離，消除相互間的陌生感。

5. 把握時機，及時回覆

　　在處理客戶的異議時，要把握好時機。針對異議一定要認真分析和判斷，利用有利時機才能取得良好的效果。如果是無關緊要的異議，就盡量延後處理，但若是客戶急於需得到要解釋的問題或者相關異議對客戶的影響很大，就必須立即處理。對於可以在現場解決的問題，一定要當即回覆，不能解決的，要給客戶準確的回覆時間，換取客戶對我們的信任。

6. 將心比心，給予客戶理解

　　由於客戶的立場和位置，對我們的產品和服務產生異議也是正常的，對於客戶的異議，我們要給予理解，要站在他客戶的立場上看待問題，多替他想一想。我們可以試著想像假如自己是客戶，提出這些異議的真實想法是什麼，不要從內心上和客戶對立起來。當我們給予客戶理解時，異議的解決反而會更加順利。

防患於未然，提前回覆

認真觀察，仔細傾聽，最好在客戶提出異議之前就知道他想問什麼並先行回答。

異議提出後立即回答

這就需要業務員事前做好準備，並且要有隨機應變的能力。

異議的解決時機

沉默一會兒，延後回答

當客戶提出涉及到很深的專業知識等較難以立即回答時，最好暫時保持沉默。

一笑了之，沉默到最後

有些異議無關緊要，根本就不需要業務員來回答。你可以對此保持沉默，或者換個話題。

 **67 有效處理客戶異議的五大策略**

Get The Point !

　　客戶之所以產生異議，是因為之前購買的產品不如意或是有過不好的經驗，所以才會對業務員懷有很強的戒心。而我們當業務員的就不能怕被冷漠對待，多與客戶接觸，要對客戶鍥而不捨，真心交陪；可以善用舉例說明的方式，提供論證，消除客戶的異議，當客戶對價格產生異議時，要講述產品的價值，把價值體現出來。

　　面對客戶的異議是不能避免的，如果業務不能儘快處理異議，就會影響成交。只有成功地處理客戶的異議才有成交的可能，必須使用適當的策略解決，這樣才能擺脫僵局，為成交掃清障礙。

1. 鍥而不捨，坦誠相見

　　倘若客戶之前購買的產品可能不如意或者有過上當受騙的經歷，就會對業務員懷有很強的戒心。此時，不要怕客戶的白眼或冷淡，多與客戶接觸，與客戶進行感情溝通，拉近彼此的距離。在與客戶的溝通中，應以真心誠摯的態度消除客戶的偏見。

2. 提供論證，消除客戶異議

一些客戶會對產品本身提出異議，例如「你們的產品品質有保障嗎？」「你們的產品跟某某品牌比起來差一些呀！」「你們的產品效果如何？」就說明客戶的異議集中在產品上。

此時，可以列舉事實案例，透過別人經銷或者使用產品的案例來說服客戶。還可以用現場比較的方式，證明產品品質。比如，如果是銷售一款啤酒產品，你就可以現場打開本品和客戶所說的競品，透過泡沫細緻的程度、掛杯時間長短、酒液透明與否等，來說明自己產品的優秀。透過示範的方式，很容易讓客戶現場感受產品的優劣，從而來讓客戶信服。

由於客戶的購買經驗和購買習慣，客戶會不由自主地對產品產生異議。例如對產品的價格、品質、功能、品牌、售後服務等提出質疑，這就需要業務員用舉例說明的方式解決客戶的異議。

當客戶對產品產生異議時，你可以出示企業資產證明、產品技術認證書、獲獎證書以及知名企業的訂貨合約等資料，來證明產品是名牌產品、材料優異、款式新穎、製作精良等，讓客戶對產品產生信任感。

3. 先談價值，後談價格

價格代表產品的貨幣價值，是商品價值的外在表現。在銷售的過程中，我們不能單純只與客戶討論產品價格的高低，而是要透過介紹產品的特點、優點和帶給客戶的利益，讓客戶真正體會到產品具有很高的使用價值，CP 值是較高的。

如果客戶購買了產品，就意味著他同時也要付出相應的貨幣，所以他們總是在心裡衡量購買產品是否對自己有利，因此針對這點，你可以從產品的使用壽命、使用成本、性能、收益和維修等方面進行對比分析，體現產品在價格與價值、推銷品價格與競爭品價格等方面中某一方面或幾方

面的優勢，讓客戶充分認識到產品的價值，認識到購買產品能為客戶帶來怎樣的利益。也可以透過對比競爭對手的品牌、原料、優惠政策等，讓客戶真切地感覺到產品價格並不高。

透過觀察客戶的言語動作可以判斷出客戶是否對價格存在異議。例如，客戶說「你們的產品價格有點高」、「你們的產品比同檔次品牌的其他產品貴」，或者對產品愛不釋手卻說考慮一下等，都是客戶對價格產生了異議。這時，你要讓客戶感覺到產品價值，就要為客戶分析產品的性價比，如包裝、用料、性能等方面的優勢，讓客戶認為物有所值。如果是耐用品，銷售員還可以透過分析產品能夠為客戶帶來的較大節省等，消除客戶對於價格的敏感度。

4. 運用消費者心理策略

向客戶介紹產品的價格時，可以先說明報價是最優惠的價格或是出廠價，暗示客戶這已經是價格的底線，不可能再討價還價。此外還可以使用盡可能小的計量單位報價，以減少高額價格對客戶的心理衝擊。例如改公升為米，改大的包裝單位為小的包裝單位。這樣在價格相同的情況下，客戶會感覺小計量單位產品的價格較低，這給客戶的心理感覺是不同的。

5. 巧用時間，競爭引導

有些客戶在購買產品時常常猶豫不決，這時，你可以告訴客戶：「我們目前正在舉辦週年慶活動，可以享有八五折的優惠價格，活動結束就會恢復到原價。」或者告訴客戶產品具有較大的升值空間等，要求客戶儘早決定。甚至還可以向客戶指出他的同行競爭對手已經購買了同類產品，如果不儘快購買，就會在競爭中處於劣勢，引導客戶迅速做出購買決定。

異議有真有假，
你要找到客戶的真正意圖

Get The Point !

我們可以透過觀察的方法區分客戶的異議。如果客戶嘴上一直說貴，但透過觀察發現他對產品愛不釋手，就說明客戶的異議是假的，客戶這樣說無非是想殺價，你可以反問客戶，讓客戶自己提出想怎麼解決；如果客戶提出了具體的要求，這個異議就是真實的異議。業務員還可以透過假設的方法，假設已經解決客戶提出的異議之後，客戶會不會購買來分辨客戶異議的真假。唯有洞察客戶的真正意圖，才能對症下藥。

在日常銷售過程中經常會遇到客戶「我再考慮考慮」、「我不需要」、「產品不太適合我」、「這個顏色我不喜歡」等很多的異議，而不打算購買。但是我們應該知道，在多數時候，這種拒絕往往不是客戶真的反對你、拒絕你，不願意接受你的產品，而只是因抵觸或不了解產品而隨口說出的藉口，稍有經驗的業務員很快就能判斷出客戶是在找藉口，以達到自己的一些目的。所以我們應該學會洞悉客戶異議背後的真相，只有這樣才能更有效地贏得訂單。

但是有些時候，客戶提出的異議比較讓人難以捉摸，聽起來又像藉口，又像是真的反對你、排斥你。在銷售中，藉口和反對的確比較難區分，因為它們之間不存在一個確定的界限。客戶這次的藉口可能是下一次的反

對意見，而此次的反對意見則可能是下一次的藉口。

　　一些業務員之所以最終失敗，往往是因為他們將客戶的藉口當成了反對意見，而沒有及時把握時機留住客戶，錯失一筆單。但是優秀的業務員總能迅速將這兩者分清楚，不失時機地留住客戶、實現成交，這是因為他們除了具備豐富的產品知識外，還善於從銷售中總結經驗教訓，對此有著很高的辨別能力。那麼如何才能提高自己的這種辨別能力呢？首先我們就要學會瞭解藉口和反對的本質區別。

　　所謂的「反對」，其實可以理解為準客戶在自己尚未做出決定時，仍然急切地想為自己或公司找到正確的答案，並向銷售員提出一個合理的爭議。他們只是資訊缺乏或對是否購買還有些疑慮。

　　所謂的「藉口」，可以理解為準客戶為了拖延成交，或者乾脆避開成交，同時又不用對業務員艱難地說「不」而提出的爭議。在銷售過程中，客戶提出的異議越多，則表明他的購買需求越大，購買意向越強烈。業務員做這種判斷的前提是客戶提出的都是真實異議。有的時候，客戶也許並不想購買產品，於是提出一些假異議，來刁難或者敷衍你。而你要分辨客戶的異議是真還是假，找到客戶的真正意圖，這樣才能巧妙說服客戶，成功拿單。

客戶提出的反對意見是否與產品關係密切

　　如果你正在賣力地介紹產品，希望能讓他更加瞭解產品的特點、功能、用途、品質保證從而做出選擇，但客戶卻突然問起與這毫無關係的問題，根本沒有和你形成連貫的問答，這往往是客戶不想購買，提出藉口搪塞你罷了。

　　例如，你正在介紹你的美腿按摩機功能如何好，有多少人因此受益，哪個明星是你們的客戶，但是客戶卻在觀看你的產品廣告，並且向你問一

些不沾邊的問題,那麼他就是在搪塞你,想以此轉移話題。

認真觀察客戶聽完異議解釋後的態度

如果你對客戶的問題做了認真詳細的解釋,但是客戶仍然表現出漫不經心的態度,並且還繼續提出一些不著邊際的問題,那表明客戶只是在用藉口與你打遊擊戰,根本無心購買。

辨別客戶異議的真假

客戶認為目前沒有需要,或對你的產品不滿意,或對你的產品持有偏見,都是客戶真實異議的來源,例如,客戶從別人那裡聽說你的產品容易出故障。對於此類「真異議」,業務員必須視情形考慮是立刻處理還是延後處理。

當客戶的異議屬於其關心的重點時,當你必須妥善處理後才可能繼續進行銷售時,當你處理異議後能立刻獲得訂單時,你應該立即處理異議。

在有些情況下可以延後處理異議。例如,業務員碰到許可權外或者不確定的事情時,要先承認自己無法立刻回答,但保證會迅速找到答案並告訴客戶。

假異議通常可以分為兩種:一種是指客戶用藉口、敷衍的方式應付業務員,目的是不想和業務員再談下去,不想真心介入銷售的活動;另一種是客戶提出了很多異議,但這些異議並不是他們真正在意的地方,如「這件衣服是去年流行的款式,已經過時了」、「這輛車的外觀不夠大器」等,雖然聽起來也是異議,但不是客戶真正的異議。

當客戶提出假異議敷衍你時,你可以嘗試著問客戶幾個開放性的問題。例如,你可以說:「您感覺我們的服務如何?」「您是不是比較關心產品的價格?」切記:不要急躁,要保持耐心,找到客戶真正關心的問題。

在實際銷售中，客戶表現出的藉口有很多種，但是只要你認真觀察、思考和分析，就能準確辨別出客戶的藉口。可以運用的方法如下：

1. 巧用觀察法

趙倩是一家手機專賣店的銷售員，她詳細地為客戶介紹手機功能，客戶一邊認真傾聽對手機功能的介紹，一邊操作。介紹完產品後，趙倩微笑著問：「先生，您覺得這款手機怎麼樣啊？」

「不行，你這手機太貴了。」

趙倩透過觀察發現客戶對手機明明就愛不釋手，遲遲不肯離去，聰明的趙倩於是微笑著對客戶說：「先生，我看您也挺喜歡這款手機的，這樣吧，手機我給您會員價八五折，您回去多替我們做宣傳就行了。」「好的，沒問題，用得好我介紹朋友過來。」客戶高興地購買了手機。

客戶提出手機價格貴的異議，業務員透過認真觀察發現客戶對產品愛不釋手，非常喜愛，於是判斷客戶這個異議是假的，客戶真正的意圖是想殺價，讓手機便宜一些。

在與客戶溝通時，如果客戶提出了異議，你可以認真觀察客戶的動作、眼神、表情等，例如客戶對產品是否愛不釋手、眼神是否專注、表情是否認真等，分辨客戶的異議是真還是假，找到客戶的真正意圖，然後進行談判。

2. 反問法

當客戶提出異議時，可以反問客戶，讓客戶自己提出解決方法。例如，若客戶說：「你們產品的售後服務不是很好」你可以說：「那您覺得什麼樣的售後服務能讓您滿意呢？」如果客戶提出了具體的要求，這個異議就是真實的異議。

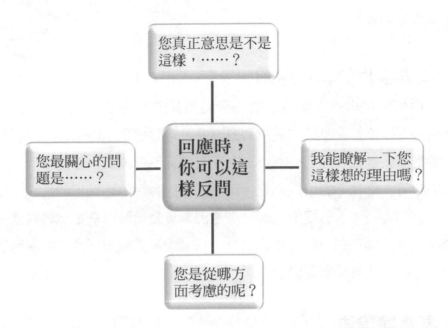

3. 轉化法

當客戶提出異議時，可以把客戶提出的異議轉化成我們的一個賣點。例如，客戶說：「你們的產品沒有很好的售後服務。」你可以說：「您的擔心是應該的，我們現在的售後服務確實不是很完善。但您放心，我們的客戶投訴量是最少的，這就說明我們的品質是最有保證的。品質與售後服務您會選擇哪一個？」如果客戶聽到你這樣說後點頭釋然的話，那麼這個異議就是真實的異議。

4. 假設法

當客戶提出異議時，你可以假設客戶提出的異議已經解決了，藉由客戶到底會不會購買來判斷異議的真假。例如，客戶說：「你們的產品沒有很好的售後服務。」你可以這樣說：「如果我們的售後服務令您滿意的話，您是不是就決定購買了呢？」如果客戶的回答是肯定的，那麼這個異

議就是真實的異議。

5. 探測客戶的真正意圖

客戶可能提出一大堆看似關係產品的異議，例如：「你們的產品上市多長時間了？」「產品的使用壽命有多長時間呢？」但是客戶真正的想法可能是「我聽膩了你那一套說辭，反正我又不打算買，隨便敷衍一下就行。」此時，你就不能信以為真，而要探測出客戶內心真正的意圖。你可以直接詢問客戶：「您提出異議是不是因為貴公司最近資金比較緊張，對於購買這些設備存在一定的壓力呢？」只有讓客戶說出真話，瞭解到客戶真正的意圖，才有希望促成訂單。

6. 事實論證法

當客戶對產品的性能和技術指標方面提出異議時，可以採用事實論證的方法。例如，國家權威機構的檢測報告、已使用此產品的客戶名單和聯繫方法，或者邀請客戶到工廠實地參觀等。如果客戶在十分可靠的證明前仍不滿意的話，那麼很可能他還有其他的顧慮。

7. 微笑忽視法

面對客戶的異議，你有時也可以面帶笑容點頭同意或者忽視裝傻。如果客戶在接下來的談話中沒有對這一問題抓住不放，那麼就表明客戶提出這一異議並非其真實的需求，也許只是出於習慣或者是發洩。

Part 7

獲取客戶的認同**要講究效率**，
找對時機促成交

How to Close
Every Sale

 **69 重申產品給客戶的利益，刺激客戶下決定**

 成交法則

Get The Point！

在成交時，業務員可以根據客戶的喜好，權衡自己產品的益處是不是客戶所需要的，然後再把產品特徵轉化為產品益處，清晰地告訴客戶某種產品特徵會給他帶來什麼利益。此外，業務員還可以找到產品額外的利益點，用額外利益來吸引客戶。

美國的銷售大師約翰·伍茲曾經說過：「如果沒有與用途、價值或服務等相關的好處，客戶是不會購買你的產品的。」也就是說，如果客戶看不到你的產品能給他帶來怎樣的利益，他是不會想要買的。因此業務員首先要給客戶一些利益訴求，客戶看到利益才會產生安全感，有了安全感才能激發客戶成交。

1. 陳述產品的益處，激發客戶的購買欲

業務員：「這是我們公司最新推出的 GPS 智慧運動錶。這款手錶除了有一般的計時、報時功能外，它具備即時座標與六軸電子羅盤，當你外出旅行時可以啟動 GPS 裝置，你還可以用心跳頻率計算運動強度、設計訓練課程、計算消耗的熱量等等，是你運動時的最佳輔助教練，能幫助你達成你的目標。

此外，它還有短信與來電顯示、音樂控制、鬧鐘以及備忘錄功能——您只要提前進行設定，那麼它就會在您設定好的時間提醒您，比如您可以把家人的生日或者朋友的結婚日期提前設定好，這樣您即使再忙也不會忘記向他們傳達祝福；您還可以根據自己的喜好選擇不同的鈴音，這裡面一共收錄了十多種悅耳的鈴音……」

客戶：「嗯，還不錯。給我留兩個吧。」這位業務員掌握了客戶的喜好，然後再把產品特徵轉化為產品益處，用產品的益處吸引了客戶的興趣。

有些業務員在介紹產品時，只是將產品特徵陳述給客戶，這樣客戶不會對你的產品產生深刻的印象。因此，當你在介紹產品特徵時要結合產品益處，清晰地告訴客戶某種產品特徵會給他帶來什麼利益，這樣客戶才會對你的產品感興趣。

- 🖒 在介紹產品特徵時要結合產品益處，清晰地告訴客戶某種產品特點會給他帶來什麼利益。例如，「這款手機可以幫您拍照錄影，還能上網看電視、電影，以後您想看哪部電視劇，輕輕一搜就可以了。
- 🖒 如果產品益處是客戶所不需要的，那麼你的產品再好，客戶也不會購買。所以還要掌握客戶的喜好，權衡自己產品的益處是不是客戶所需要的。

2. 額外利益的吸引

在產品能滿足客戶的需求之後，如果還能帶來額外的益處，那麼對客戶來說將是一個驚喜。你可以重新說服客戶定位他的利益點，明確地告訴客戶使用這種產品的益處是什麼，而不要等客戶自己發現，這樣客戶就

會產生足夠的安全感，更有利於成交。舉一個簡單的例子，通常夏天女士們的皮包裡都會放一把遮陽傘，那麼防紫外線是客戶的首要利益，但是如果你的產品除了遮陽之外，折疊起來更小巧、更輕便，花色、造型更獨特，勢必會受到客戶的青睞。

👍 在向客戶介紹產品益處時，要首先提及某種突出特色、優點，再根據客戶需求強調這種特徵形成的價值。需要注意的是，你要盡可能讓客戶感受到自己從中獲得了額外的利益，收穫了驚喜。

👍 要為客戶找到產品額外的利益，不要等客戶自己發現。

適當恐懼，認清形勢再選定成交對策

成交法則

業務員要認清形勢，根據形勢選定成交對策。例如，當客戶的期待超出現實，對產品失望時，業務員應該立刻做出反應，透過清晰、深入而婉轉的說明讓客戶對實際情況進行充分瞭解，然後在客戶接受這些說明的基礎上積極地促成成交。當競爭對手插手時，你要盡可能地從客戶的實際需求出發，充分展現本公司產品的競爭優勢，堅定客戶的購買決心。當客戶想要更多利益時，你可以做出適當讓步，以促成交易。

即便一些客戶已經決定購買了，但是在合約簽訂以前，仍然還是會有變數，存在諸多成交阻礙，這些阻礙可能會使形勢生變，這就需要業務員保持一定的警惕之心，要認清形勢後再選定成交對策。

1. 客戶的期待超出現實

客戶在購買產品前會盡可能充分地搜集相關資訊，可是大多數時候，客戶掌握的資訊並不見得客觀和準確。客戶很可能在先前對你的產品有著太高的期望值，他們不僅希望你的產品能夠令其感到物有所值，甚至還希望在購買產品之後能夠感到物超所值。所以，客戶經常會帶著自己對產品價值的主觀期待去尋找資訊，比如，他們可能會期待產品能夠具有市場上

所有同類產品優勢的總和,只想花費一般產品的價錢又想享受高端產品的品質。又或者就是在談判之前,業務員的語言或行為給他們造成了可以獲得更多利益的錯覺。

可是一旦他們發現這些期待不能被一一滿足之時,他們就會覺得自己「應得」的利益遭受損失,這自然會影響他們積極做出成交決定。

👍 當客戶因為期望值過高而對你所提供的產品或服務感到失望之時,你應該立刻做出回應,透過清晰、深入而婉轉的說明讓客戶充分了解實際情況,然後在客戶接受這些說明的基礎上再積極往成交推進。

2. 競爭對手從中插手

即使在自己已經與客戶進行了長期的聯繫馬上準備簽約之際,你的競爭對手也可能會從中插手,不論最後你的競爭對手是否能夠把客戶搶到他們那一邊,這至少會對你順利成交造成重大阻礙,從而浪費業務員的時間與精力。

因此,你應當隨時注意客戶與競爭對手最新的聯繫動向,不要成為最後一個知道競爭對手已經插手搶單的人。

👍 當我們在談判過程中發現競爭對手已經插手時,要盡可能地從客戶的實際需求出發充分展現自家公司產品的競爭優勢,堅定客戶的購買決心。

👍 當察覺競爭對手介入時,也不要慌張,此時保持理智和冷靜才能從容應對,拿出解決方案。

3. 著眼客戶需求選擇成交對策

在和客戶談判時，即使你的報價多麼低、多麼迎合客戶的期望，客戶都會盡可能地繼續討價還價，想要獲得更多的利益。所以，你一方面要充分考慮到客戶的需求，另一方面也要確定合適的、相對較高的談判目標，甚至可以表現出適當的恐懼，做出適度的讓步。

👍 與客戶談判時，可以做出適度的讓步，但是不能毫無原則地做出不必要的讓步，否則就會為你自己和公司都造成某種程度的損失。

👍 不要做出實質性的讓步。即使是在客戶的強烈要求之下必須要進行一些讓步，你也可以巧妙地選擇在一些無關緊要的環節做出適度的讓步。

👍 當客戶強烈要求讓步，而你又有一定的讓步空間時，也不要輕易許諾讓步。你應該首先確定你希望利用這些讓步從客戶那裡得到哪些回報，然後再將你的讓步條件告訴客戶。

👍 當你的產品價格已經接近底線時，而客戶仍然要求降低產品價格，那麼你就要透過誠懇的說明讓客戶知道在這方面你已經沒有任何讓步餘地與為難，明確說明客戶以這樣的價格購買產品實際上已經可以從中獲取巨大利益了。

客戶的成交訊號，
你要及時準確地捕捉

Get The Point !

要透過客戶的行為資訊探尋成交的訊號。當客戶在你進行說服活動時不斷點頭或很感興趣地聆聽時，就可能具備購買的意向。你還可以觀察客戶的表情，當客戶的嘴角微翹、眼睛發亮並露出十分興奮的表情時，或者當客戶漸漸舒展眉頭時，這都可能是客戶發出的成交訊號。此外還可以透過客戶的語言資訊，捕捉到客戶的成交訊號。

很多時候，客戶在內心已悄悄做好了購買的決定，但一旁的業務員卻沒能及時發現他們發出的這些成交訊號，結果大好的成交機會就這樣被輕易錯過了。客戶的有些成交訊號不會告訴業務員，但是你要懂得及時、準確地捕捉成交訊號。

如果還未到成交的最佳時機，可是業務員卻向客戶提出了成交要求，那麼，客戶因為還存在很多顧慮或不滿，所以多半不會答應你的成交要求。只有當成交的最佳時機到來時，再恰當地提出成交要求，才能讓成交的機率提高。

1. 從客戶的行為中捕捉成交訊號

我們可以透過客戶的行為資訊探尋成交的訊號。例如，當客戶對樣

品不斷撫摸表示欣賞之時；當客戶在談判過程中忽然表現出很輕鬆的樣子時；當客戶在你進行說服活動時不斷點頭或很感興趣地聆聽時；當客戶帶著家人或朋友 一起試用產品時；當客戶在洽談過程中身體不斷向前傾時；當客戶反覆看說明書時……以上種種表現，都說明客戶有購買的動機。

客戶釋放出成交訊號後，業務員此時需要透過相應的推薦方法進一步加強客戶對產品的瞭解，比如當客戶拿出產品的說明書反覆閱讀時，你要適時在一旁敲邊鼓，適時地針對說明書的內容對相關的產品資訊進行說明。然後借機提出成交要求，客戶自然而然會同意簽訂訂單。

2. 從客戶的表情中捕捉成交訊號

陳剛向一位客戶推銷自己公司的產品。陳剛對客戶進行解說時發現客戶一直緊鎖著眉頭，然後陳剛針對市場上同類產品的一些不足，強調了本公司產品的競爭優勢，這時客戶變得不再是一副漠不關心的樣子了，而是提出了幾個問題。陳剛對客戶提出的問題都一一給予了耐心、細緻的回答，更是針對客戶比較關心的服務問題著重強調了公司的客戶服務系統。當陳剛在說明這些問題時，客戶的眼睛似乎在閃閃發亮，十分認真地傾聽，而就在陳剛趁機詢問客戶需要多少產品，客戶斬釘截鐵地說出了產品數量，這場交易就這麼談成了。

陳剛從客戶的表情中捕捉到了成交的訊號，於是馬上發動進攻，促成交易。所以，我們要仔細觀察客戶的臉部表情，從客戶不經意流露出的表情中捕捉成交訊號。

👍 當客戶的眼神比較集中於你的說明書或者產品本身時，這是客戶發出的成交訊號。

👍 當客戶的嘴角微翹、眼睛發亮並露出十分興奮的表情時，或者當客戶漸漸舒展眉頭時，這都可能是客戶發出的成交訊號，要及時做出回應。

3. 從客戶的語言中捕捉成交訊號

在銷售過程當中，客戶最容易透過語言方面的表現流露出成交的意向。如果透過對客戶密切的觀察，就能識別客戶透過語言資訊發出的成交訊號。

客戶會在言談中表現出決定購買的資訊。對於不同的產品以及在不同的溝通情境下，客戶在言談中透露的資訊各不相同。

一般情況下，客戶都會透過表達需求或積極感受的方式透露這方面的資訊，例如，客戶可能會說：「××的男朋友給她買了一件這樣的衣服，聽說是今年最流行的，我也比較喜歡。」「這是我一直以來都鍾情的款式，我可不喜歡那些所謂『時尚』和『新潮』的東西。」「樣式很漂亮，穿起來也很舒服，不過不知道這種顏色是不是適合我？」

👍 透過細心觀察，往往可以從客戶對一些具體資訊的詢問中發現成交訊號。例如，當他們向你詢問一些比較細節的產品問題時；當他們向你打聽交貨時間時；當他們向你詢問產品某些功能的使用方法時；當他們向你詢問產品的附件與贈品時；當他們向你詢問具體的產品維護和保養方法時；或者當他們向你詢問其他老客戶的使用後評價、詢問公司在客戶服務方面的一些具體細則時，都是客戶在釋放成交訊號。

👍 有時，客戶會以反對意見的形式表達他們的成交意向，比如他們對產品的性能提出質疑；對產品的銷售量提出反對意見。如果你實在無法辨別，也可以對客戶進行一些試探性的詢問。

4. 當客戶認真詢問產品資訊時，是成交的最佳時機

也許所有的客戶都會瞭解相關的產品資訊，但是購買意向較強的客戶會十分認真和仔細地頻頻詢問相關的產品資訊。除了比較認真和仔細之外，購買意向較強的客戶詢問的問題一般會建立在決定購買的設想之上。

在向客戶介紹產品時，客戶難免有一些不清楚的地方。有些業務員總想儘快實現成交，對客戶提出的問題不夠重視、敷衍了事，結果客戶大多都離開了。

很顯然業務員這樣做不對。在購買產品的過程中，客戶更重視心理上是否得到了滿足。如果他們對產品本身比較滿意，但是業務員令他們十分不滿，客戶也不一定購買產品。在解答問題時一定要用心，讓客戶有被重視的感覺，這樣他才願意繼續交談下去。就算最後生意沒有成功，你的用心也會被客戶記 在心裡。

我們先來看一個小故事。

王小姐是個愛漂亮的美女，十分重視皮膚的保養，對自己用的化妝品總是精挑細選。這天，櫃姐小方向王小姐介紹一款新品牌的護膚品，並說這款護膚品是純天然的，對補充肌膚水分、改善黯黃的膚色有明顯的效果。

王小姐知道自己的皮膚是乾性膚質，所以她對保養品是否夠保濕這點非常在意，聽了介紹之後也來了興致，向小方詢問了許多問題，小方也一一解說。王小姐試用後表示感覺還不錯。小方以為王小姐就要購買，所以提出了成交要求，但是王小姐卻表示沒有要買，而繼續詢問了另一套化妝品。小方還是認真地幫客戶解答，並建議王小姐試用，但沒多久，王小姐就說等一下和朋友有約了，要離開了。小方雖然很驚訝，但還是態度熱情地表示希望王小姐有時間再度光臨。

三個月後，王小姐再次光臨，買走了兩套化妝品，小方這才瞭解：

原來王小姐的確是對產品愛不釋手，但是家中還有很多以前的化妝品沒有用完，所以才在三個月後再來購買。

案例中的小方在客戶表示不會購買後也沒有「惱羞成怒」，因為她知道只要得到客戶的心，那麼得到客戶的錢就只是時間的問題了，所以仍然對客戶付出同樣的熱情和關心，用心且細心地解答客戶的問題。在客戶提出問題時，一定要耐心解答，特別是在不能確定客戶是否購買時，更要用心，這樣才能贏得客戶的信任，成交才有望。

例如，他們可能會問：「如果在三個月之內品質出現問題的話，你們真的保證免費退換嗎？」「在付款方式上可不可以再彈性一些呢？」

當客戶與業務員討論訂購細節時，或者當業務員清晰、明確地向客戶介紹完產品的突出優勢時，是提出成交要求的最佳時機。

5. 從客戶態度的轉變發現成交時機

當客戶的態度從先前的消極、冷淡漸漸轉化，或者突然變得比較熱情時，通常都預示著他們已經準備接受你推薦的產品或服務了。例如，倘若客戶突然讓助手為你倒上一杯熱茶；邀請你到辦公室裡面繼續談；放下手頭的事情，開始認真聽你介紹；從不斷地挑剔產品轉變為沉默不語，都是你成交機會的來臨。

當客戶對產品表現出某些比較積極的反應時，你應該借助客戶的積極反應推波助瀾，讓客戶感覺到成交是順其自然、水到渠成的事。

 **學會知道這八種交易技巧，成交不再難**

 成交法則

Get The Point !

在與客戶溝通時，你可以用簡單明確的語言直接請求客戶購買；可以肯定和認同客戶，對客戶進行讚美；可以利用人們的從眾心理，告訴客戶別人都買了；可以對客戶提出的某些反對意見給予支持和肯定，等客戶接受業務員後再對客戶進行勸說；可以利用客戶「害怕買不到」的心理，假裝停止談判，準備離開；可以用提問的方式給客戶兩個選擇，但不管哪個選擇都能促成成交；可以運用一定的語言技巧刺激客戶的自尊心，使客戶在逆反心理的作用下完成交易行為…… 總之，只要掌握了成交技巧，就能快速成交了。

不同的客戶，就需要運用不同的成交策略，這樣才能讓客戶心甘情願地接受你的產品。當業務員觀察到客戶發出的成交訊號後，還要抓住時機，及時針對當下的具體情況，採用適當的方法，來說服客戶，促成交易。通常說服客戶成交的方法主要有以下幾種：

1. 直接請求法

當你察覺到客戶有購買產品的意向時，可以用簡單明確的語言直接請求客戶購買。例如，「您看我們的產品品質、技術都是一流的，您準備

購買多少呢？」這種方法簡單、快速，可以最大限度地節約銷售時間，提高成交效率，甚至能夠加快客戶的購買決心。但是，在使用這種方法時一定要保證和確定客戶有很強的購買意願，否則直接請求可能會引發客戶的抵觸心理，容易引起客戶的反感。

2. 肯定和認同客戶才能成交

　　李華是某品牌皮鞋的銷售員，她觀察到一位年輕的小姐每次都會在一雙靴子面前停留幾分鐘，而且都是認真看了之後再轉身離開，她已經來回三次了。這次，李華主動走到這位小姐身邊，禮貌地說：「您好，您真有眼光，您看的這雙鞋是今年最流行的樣式，很適合您這樣的小姐穿。今天已經賣出 3 雙了，您要不要試穿看看呢？」這位年輕的小姐不好意思地笑著說：「我其實前些天已經試過了，你幫我拿一雙 37 號的吧。」這位小姐滿意地買下了這雙靴子。

　　業務員李華透過觀察發現客戶對鞋子有濃厚的興趣，於是她利用肯定的語氣肯定和讚美客戶，從而使客戶決定買下了產品。在使用這種方法時，首先要確定客戶對產品很感興趣，然後利用肯定的語言認同客戶、讚美客戶，滿足客戶的虛榮心，也更加強化客戶購買的決心，自然就順利成交了。

3. 利用從眾心理促成交

　　月月到一家手機專賣店購買手機，店員熱情地問道：「您好，您要看哪一種手機？是普通的還是智慧型的？」月月隨口回答：「普通的就行。」「可是現在大家都買這種智慧手機啊，螢幕大，上網快，還能線上看電視、電影呢。」月月好奇地問：「現在大家都買智慧手機嗎？」「對啊，年輕人基本上都買智慧型手機，普通手機功能可沒有這麼多。」「那你幫我介

紹一下智慧型手機的功能吧。」在店員詳細的介紹下，月月買下了智慧型
手機。

人們都有從眾心理，月月看到別人都買智慧手機，自己不買就顯得
落伍了，出於從眾心理，月月購買了大家都喜歡的智慧手機。所以，你可
以利用客戶的從眾心理達成交易。但是在運用從眾成交法時一定要分析客
戶的類型和購買心理，這種方法並不適用於個性強勢、有主見的客戶。

4. 支援客戶的反對意見

客戶一般都不喜歡自己提出的意見被直接反駁。支援客戶的反對意
見成交法，就是業務員對客戶提出的某些反對意見給予支持和肯定，先拉
近客戶與自己心理上的距離，讓客戶更容易接受你的勸購，然後再闡述自
己的觀點，從而買下你的商品。

5. 欲擒故縱促成交

利用客戶「害怕買不到」的心理，假裝停止洽談，準備離開，那些
性子急的客戶反而會主動提出簽單。但是，使用這種方法的前提是你要確
定自家的產品具有其他產品不可取代的優勢，其次是客戶必須對這種產品
有足夠的興趣。

如果業務員在銷售時並不急於拿單，顯得淡定從容，客戶就會認為
業務員推出的產品市場前景很好，「皇帝的女兒不愁嫁」，這樣就會吸引
客戶的購買欲。

在銷售時，我們要掌握客戶的實際心態，保持相對冷靜，適當地對
客戶冷淡，或者在和客戶交談時，表現出一種淡定從容的態度，這樣就會
引起客戶的興趣。這種謀略適用於那些剛愎自用、自以為是的客戶。

6. 非 A 即 B 成交法

　　這種方法能夠用來幫助那些沒有決斷能力並且猶豫不決的客戶做出成交決定。你要給客戶兩個選擇，客戶只要回答問題，不管選擇哪個答案，都能達成交易。例如，「您是要買一台還是兩台？」「您是喜歡黑色的還是喜歡白色的？」這種方法看似把購買的選擇權交給了客戶，實際上是讓客戶在一定的範圍內選擇，如此一來減輕客戶購買決策的心理負擔，讓客戶快速購買。

7. 巧用激將法促成交

　　使用激將法，要先從客戶的言談中分析出客戶的性格，尋找出客戶的弱點，再合理地運用激將法。在與客戶溝通的過程中，可以運用一定的語言技巧刺激客戶的自尊心，使客戶在逆反心理的作用下完成交易行為。

　　在美國一家商店，一對夫婦對一款鑽戒特別感興趣，但嫌價格太貴，便猶豫不決。丈夫對太太說：「要不我們過兩天再來買吧。」售貨員見此情形，便對他們說：「前些天有位企業家夫人也是對這款戒指愛不釋手，只因為貴沒有買。」這對夫妻聽了這句話，馬上掏出錢來，買下了這只昂貴的鑽戒，而且還非常得意。

　　如果售貨員從正面開導勸說，這對夫婦未必能下決心買下那枚鑽戒。相反地，她從反面運用激將法，利用人們的自尊心、榮譽感，促使這對夫婦下定決心購買。當客戶面對成交猶豫不決時，你可以巧妙運用激將法，用富有刺激性的語言來激發客戶的情感，使客戶在衝動情緒的驅使下購買。

　　👍 激將法並不適用於任何人，它多適用於那些談判經驗不太豐富，容易感

情用事的人，對於性格內向、自卑感強的人，富有刺激性的語言會被他們誤認為是嘲笑和挖苦，所以，使用激將法要視對象而用，以免弄巧成拙。

👍 在使用激將法時，要講究言辭。鋒芒太露、太刻薄的言辭容易讓客戶形成對抗情緒；語言無力、不痛不癢則很難讓客戶的情感發生波動。

👍 激將法一般用的是言辭而不是態度，我們不能為了激將而甩臉子、拍桌子，這樣生意就做不成了。

8. 將認可植入潛意識

在成交階段，業務員詢問客戶關於產品的意見時，提問內容要圍繞在整個銷售過程中已經得到客戶認同的問題，使得客戶不停地贊同你的意見，進行正向的暗示將認可強化到客戶的潛意識中，最終促成成交。詢問客戶問題的過程中，還要適當運用沉默的壓力，在不知不覺中客戶就難以拒絕你，最終簽訂訂單。例如，你可以說：「這件產品非常適合您，您覺得呢？」「這就是符合您需求的那一款，您覺得呢？」

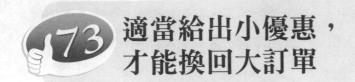

73 適當給出小優惠，才能換回大訂單

成交法則

Get The Point !

在即將成交的階段，當客戶提出一些次要的小問題或者要求優惠時，盡量不要拒絕，應該順著客戶，略作讓步，以真誠的態度給予客戶適當的優惠或折扣，不要讓客戶覺得你貪婪。如果與客戶的合作希望能長期發展，先不要急於馬上同意眼前的交易，你可詢問一下客戶在這方面需要什麼，然後把關於這種長期交易的協定先確定下來。

在銷售成交的最後階段，有些客戶總是會提出一些次要的小問題，例如，能不能把零頭去掉、有沒有禮品贈送、能不能免費送貨等，如果你對客戶提出的任何問題或者想法都直接地反駁或拒絕，對成功拿單極為不利，因為說贏客戶並不意味著客戶就會購買，可能會因小失大，只有適當給出一些小恩惠，才能換回大訂單。

業務員：「目前的印表機市場競爭非常激烈，我們為了拉高業績已經降低了售價，給您的價格已經是最優惠的了。」

客戶：「好吧，這個印表機我就不跟你還價了，就 12000 元吧。那你送我 10 包列印紙，明天免費送來我公司吧！」

業務員：「這個印表機已經沒什麼利潤了，再送 10 包列印紙加免運，這不行啦！」

客戶：「哦，那我們再考慮考慮吧。」

客戶對印表機主要部分的價格都已同意了，說明客戶有很強的購買意願，對於客戶提出的想法，若是果斷地拒絕了客戶，沒有適當地給客戶一定的優惠，只是用自己的想法強迫客戶接受，最終還是會失去了這筆訂單。懂得銷售技巧的業務員應該知道，在成交的最後階段，對於客戶提出的一些次要小問題，應該順著客戶，略作讓步，適當給客戶一些優惠。

若是不順著客戶，讓他有贏的感覺，結果往往是你與客戶的交易變成一錘子買賣，甚至無法達成交易。所以，你要有長遠的眼光，樹立一種長期發展和合作的心態，維持短期交易和長期目標間的平衡。

1. 給客戶提供免費贈品

在成交的最後階段，如果客戶提出價格再優惠一些的要求時，你可以告訴客戶，如果買下產品會贈送相關的贈品，例如購買炒菜鍋送鍋鏟或買車送行車紀錄器等。

你可以事先準備好贈品，例如一些造型奇異的小玩偶等，把贈品放在產品旁或者顯眼的位置，等客戶主動開口能不能贈送時，然後再大方地贈送給客戶，給客戶意外的驚喜。

2. 給客戶免費送貨

有些產品可能體積比較大或比較重不方便攜帶，例如瘦弱的女生去超市購買一袋大米，把一袋大米搬回家就需要耗費很大的精力和時間，但如果店家能提供免費送貨的服務，客戶就會很感動這樣貼心的服務而可能成為你的忠實客戶。針對自身銷售的產品，你可以告訴客戶，申請為會員的話，可享免費送貨，或者在客戶的訂貨金額達到一定額度、或訂貨達到一定數量時為客戶免費送貨。

3. 學會在價錢上給客戶適當的優惠

有的時候，消費者去菜市場買菜，等稱完重量後，老闆說一共是 128 元，就給 120 元錢就行了。不管是誰，都會感覺得到了一些小優惠，所以以後買菜都會想再來到這家店。

在雙方即將成交時，可以把價格的零頭抹掉，這樣客戶就有「賺到了」的感覺，並且會成為你的回頭客。你還可以刻意把錢換成新的，找給客戶新零錢，讓客戶感受到愉悅的消費體驗，從而喜歡主動找你買，成為你的老客戶。

別為成交做出無法兌現的承諾，否則是搬石頭砸自己的腳

成交法則

Get The Point !

在向客戶許諾前一定要三思而行，如果客戶提出的要求，業務員自己不能確定，就不能輕易答應客戶，而是應該將決定權推到上司身上，並且要告訴客戶會幫他爭取。如果你在考慮之後確定自己是可以實現諾言的，就要信心十足地告訴客戶，語氣要堅定。一旦向客戶許下承諾，就要做到。如果對客戶的承諾沒辦法實現或是要延遲實現，就要馬上向客戶道歉，說明無法兌現的客觀原因，用自己的真誠換取客戶的諒解，否則就會失去更多的客戶。

有些業務員為了讓客戶更加信任自己，於是信誓旦旦地對客戶做出承諾，的確，承諾往往能夠打動客戶，增強客戶的購買欲望，但如果做出一些無法兌現的承諾，就會讓客戶有受騙的感覺，最終離你而去。

1. 做出承諾就要實現

王晨雖然年紀輕輕但工作能力很強，他是一家製藥廠的業務員，剛工作第三個月就升到了業務部副主任的位置。可是，過了一段時間，王剛的業績卻大不如前，老闆很奇怪，不論銷售技巧還是溝通能力，王晨都是比較不錯的，可為什麼業績逐漸下滑呢？暗中一觀察，老闆發現情況原來

是這樣的：王晨每次都能與客戶溝通得很順利，但到最後交易階段，就會拍著胸脯告訴客戶公司絕對能完成他的要求，如果客戶要求 40 天交貨，王晨就會肯定地說：「30 天交貨，您就相信我吧。」可實際上，公司根本無法在那麼短的時間內完成任務，結果一拖再拖，使得客戶很失望。空承諾的次數多了，客戶就不相信王晨了，就連很多老客戶也不再找他了。

一旦向客戶承諾了，就要做到。承諾了就要兌現，承諾可以使客戶產生信任感，但承諾不能兌現卻會產生極為不利的後果。因此，在許諾時要注意，如果有難度，就不要輕易向客戶承諾，別為成交做出無法兌現的承諾，否則是搬起石頭砸自己的腳。

2. 做出承諾要慎重

不要向客戶許下不能實現的承諾，哪怕這個客戶能給你帶來豐厚的利潤，你也不能試圖用無法實現的承諾來迷惑客戶。在向客戶許諾前，一定要慎重。

優秀的業務員在沒有把握時是不會輕易向客戶承諾的。他們會在承諾之前三思，看看自己是不是能很好地實現這個諾言。

如果在考慮之後確定自己是可以實現諾言的，就要信心十足地告訴客戶，語氣要堅定。如果在向客戶承諾時說話唯唯諾諾、支支吾吾，客戶就會對你承諾的可靠性產生懷疑。

如果對於客戶提出的要求，業務員自己不能確定，那就要謹慎對待了。而是應該將確定權推到上司身上，並且要告訴客戶會幫他爭取。例如，「王總，實在對不起，我沒有權利決定。不過，我會向經理爭取的，看看能不能幫您爭取到您想要的優惠。」

3. 承諾無法兌現時要真誠道歉

業務員許下承諾後，由於種種預料外的原因，導致對客戶的承諾沒辦法實現或是要延遲實現，就要馬上向客戶道歉，講明無法兌現的客觀原因，用自己的真誠換取客戶的諒解。如果情況允許，你可以想辦法向客戶詳細報告出你的彌補方案，或者想辦法給予客戶其他形式的補償，以求最大限度地減少客戶的不滿。

信心十足、語氣堅定地告知客戶，這樣客戶才不會對承諾的真實性產生懷疑。

→「您完全可以放心，我承諾過您的事情一定會兌現。」

此時一定不能做出承諾。可以採用其他手段淡化客戶在這方面的需求，或者告訴客戶不能兌現的理由。如果仍舊不能說服客戶，那麼寧可失去交易也不能開「空頭支票」。

→「真的很抱歉，您的這個要求我不能答應，我相信其他商家也不能。即使我答應了您，那也是欺騙您的，是對您的不負責。」

謹慎對待，不可輕易答應客戶，如可以將決定權推給上司、上級部門身上，同時告知客戶會極力幫忙爭取。

→「這件事情已經超出了我的權限，我需要請示上級，我會盡最大努力為您爭取的。」

75 讓老客戶主動為你介紹新客戶

成交法則

Get The Point !

　　作為一個新入職的業務員，你是否會為某一個優秀的業務不開發客戶，卻總是有源源不斷的新客戶、準客戶而不解？你是否會對他們總是做出高業績而羨慕？你是否會因為自己每天累死累活卻總是不開單而嫉妒他們？其實，這一切並不是因為他們擁有超強的開拓新客戶市場和促使客戶成交的能力，而是他們懂得開發市場客戶的規律。那就是「建立並擴大客戶群並不是到處開發新客戶、新目標，而是應該透過老客戶的關係為自己發展新客戶」。

對於銷售行業來說，讓老客戶為我們介紹新客戶，的確是一個十分有效的好方法，原因在於這一方面可以大大節省我們開發客戶的時間和成本，另一方面由於老客戶對自己的個性和產品都比較瞭解，所以他們介紹的客戶的成交率也是非常高的。積極利用老客戶這個資源，你也能發展出很多新客戶，逐漸擴大自己的客戶群，讓工作越做越順手。

　　經營老客戶是你發展新客戶的基礎，要想獲得更多新客戶，你首先就要瞭解老客戶、穩定老客戶。一般來說，如果一個客戶與你長期合作，那麼就可以認為這是你的老客戶。但是如果這些客戶對你沒有十足的信任，並且對你銷售的產品認可度不是特別高，是不會主動給你介紹新客戶的。

那麼，如何做才能讓老客戶更加信任你，願意主動為你介紹新客戶呢？這就需要你做好以下工作。

1. 為每一個客戶提供優質服務

向客戶提供可靠的服務，你和你的公司才會在客戶心中確立一個良好的信譽，為客戶提供優質服務，並竭盡全力做好一切，讓客戶感覺把你介紹給自己身邊的人沒有任何風險，使你和你公司在客戶心中確立一個良好的信譽，這樣客戶才會對你更忠誠，才願意在可能的時候將自己身邊的人介紹給你。

2. 與每一個客戶建立密切的關係

老客戶可能一直與你合作，但是你們也許只是生意夥伴，並不一定是生活上的朋友，所以你除了工作中與客戶的必要交往之外，還要多與客戶進行其他溝通聯繫或者社交活動。與客戶多多保持聯繫，這樣下去時間久了，他自然而然地會將自己的朋友介紹給你。你可以透過以下幾種方式增加與客戶間的感情交流。

①週末一起去爬山。

②一起參加非正式聚會。

③一起看展覽。

④參加其他任何非正式的商務活動。

⑤請客戶吃飯。

3. 積極為客戶提供額外的服務

優質的銷售服務會讓客戶對你青睞有加，而向客戶提供額外服務，則會讓客戶對你的好感倍增。所謂額外的服務，其實就是指在生活上做一

些讓客戶溫暖的事。在生活中很多小事都能讓客戶格外留意你。

👍 通過手機、上網、電話等途徑與客戶時常保持聯繫，問候對方的工作和
生活以及家人情況，在節日時給予客戶真誠的祝福。

👍 在客戶需要時，提供一些有用的專業資訊，對其進行專業指導。

👍 時不時給客戶寄送一些公司的免費禮品。

切記不要時刻將交易等商業問題掛在嘴邊，否則會讓客戶很敏感地
認為你所做的一切都是為了讓他幫你介紹客戶，從而不願與你過多聯繫。

4. 不要忘了給客戶點小利益

既然想讓客戶給你介紹新的客戶，你就要讓客戶看到一些「好處」，
就這一點，最偉大的業務員喬‧吉拉德的做法十分值得我們借鑒。

喬‧吉拉德在每次賣出汽車之後，都會把一份叫做「獵犬計畫」的
說明書交給他的客戶。這個獵犬計畫的內容是這樣的：如果吉拉德的客戶
介紹別人來買車，成交之後，介紹人可以得到 25 美元的酬勞。1976 年，
吉拉德憑藉獵犬計畫獲得了 150 筆生意，約占總交易額的三分之一。吉
拉德通過發展新的客戶換回了 75000 美元的佣金，但是只付出了 1400 美
元的獵犬費用。

在我們銷售的過程中，我們也可以仿照喬‧吉拉德的做法讓老客戶
向我們介紹新客戶。當然，這裡的利益不一定都是金錢，我們也可以使用
感情、服務等其他的籌碼作為回報老客戶的好處，老客戶通常都會很樂意
的。

回收帳款──
確實守好最後一道關卡

Get The Point !

在銷售過程中，雖然我們始終秉持「客戶就是上帝」的理念，但是一些客戶還是會經常讓我們陷於左右為難之中，當然包括客戶收到貨物後卻遲遲不肯支付貨款的情況。可見，及早對客戶進行考核，是非常有必要的。當然，如果客戶方存在諸多問題，業務員無法單獨解決時，最好上呈給你的主管，共同尋找解決問題的方法，才能避免個人乃至企業蒙受巨大的損失。

李采是一家培訓公司的服務專員，她三個月前與一位大客戶談下了一筆業務，那位大客戶答應在這個月月末結清帳款。可是，眼看著月底就快要到了，客戶那邊卻沒有動靜，李采不免著急起來。思考之後，李采決定主動給客戶打電話。

李采：「喂，是趙總嗎？您好！我是 ×× 培訓公司的李采，您還記得我吧？」

客戶：「噢，李采啊，記得記得！」

李采：「首先向您問好，工作這麼忙，您一定要注意身體啊。這次打電話給您，主要是想聽聽您對我們公司產品培訓的建議。不知道您現在方便嗎？」

客戶：「嗯，你們的產品還不錯，整個培訓過程中員工的參與熱情都挺高，你們的講師確實水準不錯嘛！」

李采：「那太好了，謝謝您對我們公司的肯定。除了這些，您覺得我們的培訓中還有哪些需要改進的地方呢？」

客戶想了想，說：「如果真要我提點意見，那就是你們講師的服裝看起來不夠專業，如果能著裝再正式一些就好了。」

聽到客戶的建議，李采稱讚客戶說：「您的眼光真是獨到。非常感謝您的建議，我一定會轉告我們的講師，更加完善自己的服務。那您還有沒有其他不滿意的地方呢？」

這次客戶想了好大一會兒，然後肯定地告訴李采沒有問題了。

聽到客戶滿意的回答，李采進一步說道：「那好，趙總，既然您對我們的產品和服務都沒有問題，那我可以麻煩您一件事情嗎？」

客戶：「請說。」

李采直接說道：「就是關於貨款的事情，請您和財務部門打聲招呼，可以嗎？」

客戶笑著說：「我還以為是什麼事情呢，沒問題，我會儘快催促他們的。」

李采高興地對客戶表示感謝：「太感謝您了，請您不要忘了提醒他們付款後將回執單傳給我們公司一份，這樣便於雙方對帳，您覺得呢？」

客戶：「嗯，是這樣的。」

李采：「那好，趙總，今天我就先不打擾您了。我會隨時與您聯繫的，如果您有其他事情需要我說明的話，請儘管提出來。」

在使用電話向客戶催款時，由於並不是和客戶面對面，所以很難摸清客戶的內心想法。李采在用電話催款時並沒有開門見山地提出回款的事情，而是首先透過詢問對培訓課程的滿意度來提醒客戶。在得到客戶的滿

意回答後提出欠款的事情，就會顯得自然許多，客戶也更容易接受和配合。

　　銷售的最終結果不僅僅是為成交，能為企業創造出有利潤的營業額才是業務員應追求的目標。很多時候，大多數業務員認為只要把產品賣出去，拿到訂單才是最主要的。為此，他們常常在沒有與客戶約定好付款的期限及方式的前提下，就盲目地完成了交易。最終落個只有營業額而沒有貨款的下場。

　　這樣就會給企業的資金周轉帶來巨大的壓力。當然，有經驗的業務員知道，催款是一件很不容易又極其浪費時間的事情，客戶也常常會編造一些理由，比如：「暫時沒有錢」、「資金周轉不良」、「產品效益沒有回籠」等來逃避業務員的收款，從而達到拖款欠帳的目的。這時如果處理不當，很可能會破壞與客戶之間的關係。因此，為了防範於未然，首先就是要做好客戶的考核工作，盡量避免這種拖款欠帳以及帳款回收難的問題出現。

1. 掌握好詳實的客戶檔案

　　掌握客戶的檔案資訊，是防範客戶拖欠帳款的基本工作，同時也可以降低應收帳款回款不力的風險。

　　在考核客戶資訊、背景時，首先要做的就是為客戶建立資料檔，掌握並完善客戶的相關資訊。做好這項工作將有助於業務員在催收帳款的過程中，更能針對客戶的狀況開展各項活動，並且還有助於把應收帳款控制在合理的限度之內。

　　具體地說，在掌握和建立客戶的檔案資訊時，業務員要確實掌握好客戶的以下資料：

👍 掌握目標客戶的基本資訊：包括目標客戶自己以及企業的實名、企業所在地、企業規模、企業主要負責人等。

👍 對於那些不太瞭解或是突然增大訂貨量的客戶展開進一步實情調查：包括目標客戶的生產經營狀況是否正常、是否與銀行和其他金融機構存有不合理的風險抵押等等。

👍 調查客戶的財務往來，瞭解其信貸狀況。業務員可以從以下這兩個方面出發：一是與其他合作廠家合作時是否出現故意拖欠貨款的情況，二是是否曾經發生過重大商譽問題、是否曾跳票過。

2. 考察客戶的信用度及還款能力

業務員對客戶的進行信用調查時，可以在一定程度上把拖帳欠款的數目控制在一定範圍內。業務員不僅要善於借助企業內部對客戶的調查結果，而且還要巧妙地根據客戶的財務狀況以及帳款支付情況進行常態調查，從而能規避收貨款時的種種風險。但是在調查時，要重視以下問題：

①銀行信用度。

②是否有過拖欠貨款的記錄。

③其他客戶對該客戶的回款評價。

④客戶手中的現金是否充足。

從事業務工作常常會遇到這樣的情況：客戶雖然做出了成交決定，可是對於帳款的支付是一拖再拖。業務員雖然費盡千辛萬苦，甚至是把「十八般武藝」都搬上場，但結果還是不盡如人意，不是只是回收一部分帳款，不然就是「顆粒無收」。這也是大多數業務員寧願去開發客戶，也不願選擇回收帳款的主要原因。

但是，有經驗的業務員在催收帳款時，卻還是有辦法做到「百發百中」，這是什麼原因呢？這是因為催收帳款是有技巧可循的，只要掌握好催帳的要領，努力與客戶在付款方面達成一致，那麼收款將會易如反掌。

1. 培養回款意識，化被動為主動

客戶關心的永遠是自己的利益。所以你要明白客戶之所以拖欠帳款，最主要的原因就是希望可以分散自己在商業上的風險。但事實上，很少客戶能依靠拖延付款的時間來獲得效益。可是客戶卻依舊抱著這種「能晚付就晚付、能不付就不付」的僥倖心理。對此，業務員最主要的工作就是讓客戶充分認識到回款的重要性，並自己主動回款。在回收帳款的過程中，你要讓客戶瞭解到：商業以「誠」為本，

信譽良好的企業才能在競爭激烈的市場上站穩腳跟。如果客戶能夠及時回款，那麼他的企業、產品必然就能在市場上獲得良好的信譽。同時，也就可以毫無後顧之憂地利用完全屬於自己的產品去搶佔商機，獲得效益。否則，因為自己拖欠帳款而導致無法出貨或停止供貨，影響客戶的生意，那麼自然是得不償失。

2. 機智識別客戶的藉口

超業們心裡都明白，越是長時間拖欠貨款的客戶，在面對催款時，他們的理由就越是「合情合理」。要知道無論客戶提出的理由是真的，還是故意編造的，如果不能按時還款，那麼他們所提出的理由還是站不住腳的。對於這一點，我們千萬不要因為自己的同情心或是輕信等原因，對客戶的藉口一再容忍。這樣不但會讓後續的催款屢屢碰壁，還有可能會讓企業蒙受巨大的損失。

那麼，業務員應該如何攻克客戶所謂「最充分的藉口」呢？

👈 打破砂鍋問到底。例如，對於客戶關於時間的藉口，就應該詢問具體還款日期，如果客戶給了一個肯定的期限，那麼你就要盡可能拿到客戶的保證單據；但倘若客戶來回搪塞，那麼你最好先拿到錢款再走人。即使拿不到全款，也要先收回一部分。

👈 曉之以理。有的客戶會借助某些公司的名義，來償還貨款。比如「等我們把另外一筆貨款收回，立即就付款給你們」。這時你就要曉之以理告訴客戶，債務關係是雙方的事，與第三方並無任何糾葛。

👈 態度堅決。「這批貨款數目很小，等下批到時，再一併付款」，此時，你就要明確地告訴客戶，「貨到付款」是公司一貫的作業程序，自己也是按公司規定辦事，請他們不要為難自己。

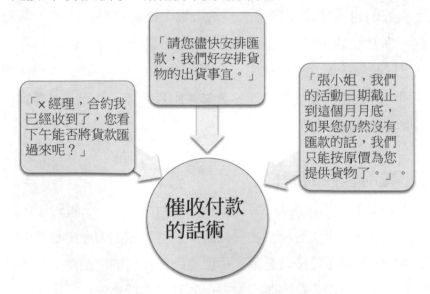

3. 明確合約約定，形成對帳制度

即便是客戶的信譽度足以保證能夠按時回款，但你也絕不能忽視合約的重要性。因為它不僅在法律上明確了雙方的權利和義務，而且也是業

務員日後保障自己及時回款的有力武器。所以，在議定合約上的內容時，千萬不可大意。

為了降低客戶欠款的風險，當你在與客戶簽約的細節中一定要註明交易的條件，對收款日期、金額以及違約等方面要訂立無彈性的條款，這樣做的目的就是要防止客戶付款時投機取巧，鑽漏洞。

除此以外，還要特別注意合約的有效性，落款處一定要加蓋公司章，明確責任歸屬權。這是因為如果只蓋客戶或是業務員的私人印章，一旦銷售環節出現問題，由於客戶窗口的那個人不能完全代表企業，所以責任常常是無人擔當，相對地就會有一定的風險。

4. 運用心理戰術，緊抓客戶弱點

在催收帳款的過程中，業務員常常把好話說盡，卻還是無法取得「正果」。這種情況，相信很令業務員感到頭疼。而很多催款專家往往用事實證明了只有抓住客戶的心理弱點，才能順利攻克客戶的心防，盡快收回貨款。

👍 從眾心理：這是客戶最普遍的心理。有的客戶常常為了保障自己的利益，而時刻觀望著別的客戶，只要別的客戶付款，他們才會感覺放心。所以，你可以適時地讓客戶意識到只剩自己尚未付款，必要時，可以拿出一些別的客戶的付款證明，當然也要顧及到其他客戶的個人隱私。

👍 圖利心理：追求利益最大化是商家的目標。你可以告訴客戶按時付款的好處，比如可以為他帶來更好的信譽，有助於將來的發展；可以免除一些後顧之憂，讓其他供應商樂於與他合作；提升辦事效率，為自己創造商機，提供更多的時間、空間等。

👍 同情心理：「惻隱之心，人皆有之」，業務員要時刻保持謙卑，懂得向客戶「訴苦」，讓他們知道就是因為他們的不按時付款，才導致業務員承受了很大的壓力。例如：「我們公司現在因為資金緊張，一度陷入危險的境地，請您多多關照」、「如果您一直拖延付款的話，那麼我們很有可能要面臨被停產的風險，相信您也不願意看到這種場面。所以請您一定要理解我們眼下的困難」等。

👍 恐懼心理：如果業務員在使用種種方法後，仍然沒有效果。就可以直接了當地告訴客戶：「我們已經做出了很大的理解與讓步，同時也盡量配合你們了，如果您實在不能守約，那麼造成的後果我們也只能透過法律的途徑來解決。」讓客戶意識到事情的嚴重性，自然也就會乖乖付款。

5. 做好客戶服務，降低收款風險

雙方簽訂完合約後，業務員千萬不要想當然地認為自己可以高枕無憂了。業務的工作完全沒有你想像得那麼簡單。要知道，客戶從你這裡進購的產品賣不出去，那麼他又拿什麼來給你回款呢？在交易中，客戶與你常常是擁有共同的利益，幫助客戶實際上也是在幫助你自己。只有客戶的資金運作正常，那麼你收款的確定性才會提高。為了保障自己的收款效率，就要把售前、售中、售後的工作做好，這樣才能減低收款風險。

在銷售前，要充分瞭解客戶的具體需求，為客戶建議適合客戶購買的產品，真誠並盡力去滿足客戶的要求；銷售過程中，要積極為客戶解決各方面的問題，使客戶減少一些不必要的損失；合約簽訂後，要積極兌現自己的承諾，無論是產品還是服務方面。另外，還要做好售後服務，定期電話追蹤或是上門回訪，為客戶排憂解難。只有這樣，才能有效地免除客戶的後顧之憂，拉高客戶滿意度，最後實現及時回款的目的。

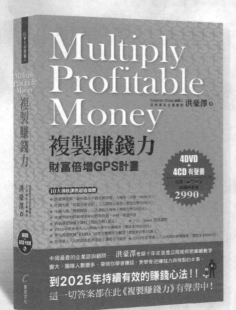

把手機，變成你的專屬印鈔機

滑世代最夯的賺錢撇步

你有智慧型手機嗎？我想這個問題對大多數人來說，都是肯定的
然而你的智慧型手機有幫你賺錢了嗎？這個問題對大部分的人來說則是否
定的。

威廉老師，以他多年的網路行銷專業，加上對於目前人們對於行動上網的
使用模式觀察，淬煉出一套滑手機，就能滑出收入的方式，這樣的方式，不
但對於業務人員、中小企業主來說，是一個開發客戶成交訂單的神兵利
器，而對於一般的上班族、家庭主婦、甚至是學生，也是一個能夠賺取零
用錢的好方法喔。

這堂課程原價 1000 元，為了回饋購買本書的讀者，只要購買本書，我們
就送您這堂課程。

您只要點選以下的網址，或掃瞄 QR CODE，
填寫一下您的聯繫方式，
我們就會在開課之前通知您上課的時間與地點，
您可以選擇對您比較方便的場次參加。

免費報名網址 http://mobile.4rich.org

PS. 如果對報名本課程有疑問，
可以來電洽詢：07- 972-9227

增智慧・旺人脈・新識力
開啟您嶄新成功的人生

王道增智會源起～

「王道增智會」是什麼？
——源起於「聽見王擎天博士說道，就能增進智慧！」。

亞洲八大名師首席王擎天博士，為了提供最高 CP 值的優質課程，特地建構「王道增智會」，冀望讓熱愛學習的人，能用實惠的價格與單純的管道，一次學習到多元化課程，不論是致富、創業、募資、成功、心靈雞湯、易經玄學等等，不只教您理論，更帶您逐步執行，朝向財務自由的成功人生邁進。

「王道增智會」在王擎天博士領導下，下轄「台灣實友圈」、「王道培訓講師聯盟」、「王道培訓平台」、「擎天商學院」、「自助互助直效行銷網」、「創業募資教練團」、「創業創富個別指導會」、「王道微旅行」「商機決策委員會」和每季舉辦的「商務引薦大會（台灣島內及大陸兩岸交互舉行）」等十大菁英組織，**加入王道增智會，將自動加入此十個菁英組織同時擁有此十項會籍。只要成為王道增智會的終身會員，王擎天博士就是您一輩子的導師，還能盡情享用王博士的所有資源。**會員們互為貴人，串聯貴人，帶給你價值千萬的貢金人脈圈，共享跨界智慧！

優良平台·群英集會，傾盡資源，
只為了您的成功！

王道增智會十大菁英組織圖

- Alliance — **1** 王道 培訓講師 聯盟
- Mini-journey — **10** 王道 微旅行
- Platform — **2** 王道 培訓平台
- Mentoring — **9** 創業創富 個別 指導會
- Coterie — **3** 台灣 實友圈
- Coaching — **8** 創業募資 教練團
- **4** 自助互助 直效 行銷網 — Direct Selling
- Committee — **7** 商機決策 委員會
- **5** 商務 引薦大會 — Recommendation
- **6** 擎天 商學院 — EDBA College

王道增智會

 圓滿事業、價值、夢想

Create a Better Life！

王道增智會十大組織 簡介

01 Alliance
王道培訓講師聯盟

　　由各界優秀並有潛力講師群組成，凡已經是或想要成為國際級講師的朋友們均極為適合加入。王道會員經 TTT 系統培訓後均可成為認證講師。

　　台灣與北京世界華人講師聯盟分別於海峽兩岸進行師資培訓，並定期舉行交流活動，讓兩岸潛力講師能互相學習、共同成長。王道增智會同時負責為旗下講師開課，已開出逾 300 場次課程，場場爆滿！

02 Platform
王道培訓平台

　　開辦各類公開招生的教育與培訓課程，提升學員的競爭力與各項核心能力，官網設於新絲路網路書店 www.silkbook.com。

　　凡是「王道培訓講師聯盟」會員講師，皆可優先安排開課，並協助其課程招生。王道會員參加王博士主講課程，終身均完全免費！

03 Coterie
台灣實友圈

　　由企業主及兩岸各省市領導圈與白領菁英們組成，喜歡結交各界菁英、拓展人脈與想到大陸發展的朋友們一定要參加。

　　目前已有逾 40 個各城市實友圈組織，含大陸四個省市委書記均為會員，可大幅增強您的人際領域與工作半徑！

　　今年春節於杜拜，明年於馬爾地夫，舉行聯誼旅遊，想做大生意者機會難得！

04 Direct Selling
自助互助直效行銷網

　　為一「本身沒有產品」的直銷組織，大家互助為會員們行銷其產品或服務。可提供會員們業務引薦與異業合作的優良媒合環境。人脈就是錢脈！

　　結合 Q1、Q2、Q3、Q4 之商務引薦大會，每年現場成交金額均以億計！

　　結合各城市實友圈，王道會員們可輕易將產品與服務開展至大陸與港、澳。

05 Recommendation
商務引薦大會

　　以假日或晚間（下班後）BNI 的形式，提供王道增智會會員們極佳的自助互助機會，由會長王擎天博士主持，每人均可介紹自己與自己的產品與服務給他人認識。希望大家互相幫助，天助互助自助者。

　　本會最大的特色是鼓勵並協助會員們當場成交！並與企業參訪結合，B2C 與 B2B 並進，引薦業績非常驚人，僅 2015 年台灣與大陸共八場大會，便成交了二億五千萬！

06 EDBA College
擎天商學院

　　「擎天商學院」有自己的大樓，更有自己的大師！由世界華人八大明師王擎天博士親自領軍，總共開設有完整的 20 堂 M^3 淘金課程，總價值高達 40 萬！您可在「擎天商學院」的 20 堂 M^3 課程中完整學習，這套系統，將幫助您以及您的企業，真正做大、做強、做久，不只茁壯，更要綿延！「擎天商學院」的 20 堂 M^3 課程，便是 Money Making Machine 的完整版課程！真正培育你成為超強自動賺錢機器！王道會員來上課完全免費！終身複訓！

商機決策委員會

07 Committee

由培訓界、行銷界、工商界、金融界、網路界等各界大咖、菁英專家組成，共有七大老組成本委員會。

替您評估您提案的商機是否有推動的價值？若答案為「是」，則商機決策委員會將傾盡旗下與協力夥伴的資源與您合作，共同促成真正有效的商業模式！而這樣舉眾人之力而行的借力合作模式，將會產生出您無法想像的大筆入帳！2015年共推動了內壢土地等12案。

創業募資教練團

08 Coaching

幫助想創業的會員朋友圓夢，教練團以專業的知識與豐富的經驗提供給會員朋友最大的協助，客制化服務可以精準到一對一或多對一。終身會員無指導時數上限，保證輔導至創業成功為止。2016起開辦獨創之「五眾」課程，班班爆滿！

教練團最大的強項為「眾籌募資」與「商業模式」的設計，王博士本身即成功創設了19家公司，其眾籌專業及各項資源均毫無保留地提供會員們使用。

創業創富個別指導會

09 Mentoring

由王擎天會長率領本集團諮詢小組親授創業創富祕訣，有別於一般課程一對多的上課方式使講師難以顧及每一位學員，且講述內容舉例多以大公司與世界品牌為主，王博士用一對一的形式、將理論與實務結合，並以最本土且務實的經驗，提供想創業、創富的成員們一條通往成功最快的捷徑。本會採「蘇格拉底」問答方式，一對一個別輔導，集體思考並討論，效果奇佳！信度與效度均最高！

王道微旅行

10 Mini-journey

學富五車的王擎天博士，還有一個除了企業家與暢銷書作家之外不為人知的祕密身分！其實，他是個道地的資深玩家！在事業與閱讀之外，他最大的興趣便是走訪山林美景，多年下來，在王博士內心深處收藏了許多獨家秘境和私房景點，保證是您在旅遊相關的書報雜誌中從未聽聞的呦！而且，多半是屬於不必花錢的美景！

一次收費，同享十大會籍，價值超過千萬！！

只要成為王道增智會的終身會員，王擎天博士就會成為您一輩子的導師，不僅毫無保留的傳授出他成功的祕訣，他所有的資源您也可以盡情享用！

會員總人數以500人為上限，為維護服務品質，額滿即不再收！但會員會籍可轉讓。

加入「王道增智會」為會員，等於同時一次就加入了「王道培訓講師聯盟」、「擎天商學院」、「王道培訓平台」、「台灣實友圈」與「自助互助直效行銷網」等十個優質組織。擁有「商務引薦大會」每季可以不斷地把陌生人變成貴人的機會。專屬「創業募資教練團」給您最完備的創業輔導服務！

王道會員的第一項福利其實就是王博士將其往後終身所有的課程一次性地以
「終身年費、終身上課完全免費」的方式送給您了！
您還在等什麼呢？

更多詳情請上新絲路網路書店 www.silkbook.com

王道會員的權利與福利

1▶ 凡加入王道增智會，就等於同時加入本會旗下十大子組織，同時享有多重資源與好處！

2▶ 凡會員參加王博士主持或主講之課程皆完全免費！

3▶ 凡會員皆享有本會推出各類課程或服務之優惠，並獨享「王道微旅行」之旅遊祕境。

4▶ 非王擎天老師主講之課程只要原價 1 折起的費用即可參加。

5▶ 終身會員即為王博士入室弟子，享有個別指導與客製化服務。

6▶ 王道增智會會員可優先將其產品或服務上架新絲路網路書店 www.silkbook.com 與華文網 www.book4u.com.tw 販售。

7▶ 加入王道增智會即可接受本會「創業募資教練團隊」之個別指導。終身會員無指導時數上限，保證輔導你至創業成功為止。

8▶ 入會會員若有優質課程要推廣或欲出版其著作，王道增智會可協助招生與出書出版發行等業務。新絲路網路書店之培訓課程官網會有課程廣告露出及強烈推薦書之各項給力的行銷推廣活動。

9▶ 加入王道增智會即自然成為台灣實友圈成員，可快速認識兩岸知名人士，並與大陸各省市實友圈接軌。迅速擴大工作半徑與人脈圈。

10▶ 王道增智會不定期聚會活動或充電之旅，會員可提出優質產品或服務，以便讓會員們了解並推廣之。「眾籌」上架等服務更是本會強項。

11▶ 凡王道增智會之會員可免費閱讀優質講師之精選文章及影片，並有機會以極優惠的方式參加采舍國際集團、世界華人講師聯盟名師群與每年世界八大明師大會舉辦的各項活動。

12▶ 凡會員將不定時收到王道增智會與王博士主撰之加值電子報，掌握各種資訊，增加知識。

13▶ 會員之產品、服務或內容可預先告知本會，將安排專題介紹或微型演講會或企業參訪。

14▶ 凡會員想成為講師者，王道增智會皆可安排講師形象打造與宣傳，並協助在兩岸開課。

15▶ 若有事業想發展卻缺乏資金、人脈，通過王道增智會旗下之「商機決策委員會」七大委員評估通過者，將獲得莫大資金挹注與各方絕大助力。

加入王道增智會後，請一併加入成為新絲路網路書店會員，即可享有各種優惠。

【入 會 費】新台幣 10,000 元
【年　　費】新台幣　9,000 元 （效期起算日為第一次參加王道增智會之活動當日起一年）
【終身年費】新台幣 90,000 元

新絲路網路書店 www.silkbook.com 專-屬-優-惠 $$$

終身會員定價：**NT$100,000** 元 (入會費 **$10,000** 元 + 終身年費 **$90,000** 元)

網路書店會員終身專屬優惠價： **NT$79,000** 元

報名專線：02-8245-8786 分機 101
mail：zheweihsu@book4u.com.tw　service@book4u.com.tw

王道增智會
官網

★透過銓鉅福系統加入王道會員，另享超值最低優惠價！

「眾籌」成潮，

眾籌將是您實踐夢想的舞台！

勢不可擋的眾籌（Crowd funding）創業趨勢近年火到不行，獨立創業者以小搏大，小企業家、藝術家或個人對公眾展示他們的創意，爭取大家的關注和支持，進而獲得所需的資金援助。相對於傳統的融資方式，眾籌更為開放，門檻低、提案類型多元、資金來源廣泛的特性，為更多小本經營或創作者提供了無限的可能，籌錢籌人籌智籌資源籌……，無所不籌。且讓眾籌幫您圓夢吧！

✔ 終極的商業模式為何？
✔ 借力的最高境界又是什麼？
✔ 如何解決創業跟經營事業的一切問題？
✔ 網路問世以來最偉大的應用是什麼？

以上答案都將在王擎天博士的「眾籌」課程中一一揭曉。教練的級別決定了選手的成敗！在大陸被譽為兩岸培訓界眾籌第一高手的王擎天博士，已在中國大陸北京、上海、廣州、深圳開出眾籌落地班計12梯次，班班爆滿！一位難求！現在終於要在台灣開課了！！

課程時間 2015年12/19～12/20（每日09:00～18:00於中和采舍總部三樓NC上課）
2016年七月份班＆八月份班（每梯二日，於中和采舍國際三樓NC上課）

課程費用 ~~29800元~~，本班優惠價19800元，含個別諮詢輔導費用。

課程官網 新絲路網路書店 www.silkbook.com

二天完整課程，手把手教會您眾籌全部的技巧與眉角，課後立刻實做，立馬見效。

公眾演說班

Speech 讓你的影響力
　　　　與收入翻倍！

你想領導群眾，贏得敬重、改變世界嗎？

你想要在你的領域成為專家，創造知名度，開啟現金流嗎？

你想將成交量與成交率提升至原來的 200% 以上嗎？

你想學會有力的公眾演說技巧，快速達成心中所想的目標嗎？

　　王擎天博士是北大TTT（Training the Trainers to Train）的首席認證講師，其主持的**公眾演說班**，理論 實戰並重，**教您怎麼開口講**，更教您如何上台不怯場，保證上台演說 學會銷**講絕學**！本課程注重**一對一個別指導**，所以必須採小班制．限額招生，三天兩夜（含食宿）魔鬼特訓課程，把您當成世界級講師來培訓，讓你完全脫胎換骨成為一名超級演說家，並可成為亞洲或全球八大明師大會的講師，晉級 A 咖中的 A 咖！

學會公眾演說，你將能——
倍增收入，提高自信，
發揮更大的影響力，改變你的人生！

公眾演說 *Public Speech*

美國電報公司AT&T和史丹佛(Stanford)大學合作研究顯示，擅長公眾演說與否，乃是事業成功最重要的關鍵！學會如何公眾演說也是最快速建立個人自信的方法！

運用如何公眾演說，就能快速增加個人魅力，自信與表達力！公眾演說除了能快速建立個人自信及魅力外，推銷產品，推廣信念，募集資金，吸引人才，建立知名度，並獲得他人的尊重與認同，公眾演說都是最快，最有效的方法！

說服力與影響力的奧秘 *Persuasiveness*

你想在朋友當中做一個能言善道極受歡迎的人嗎？『做老闆』，難道你不想在公眾面前口若懸河、滔滔不絕，同時與下屬做有效的溝通嗎？讓你學會在任何時間說服任何人做任何事的本領！

無敵談判 *Business Negotiation*

也許你是人才，但不一定有口才，也許你會賺錢，但不一定會談判，談判是賺錢最快最輕鬆的方法，是人際關係的潤滑劑，是化解矛盾衝突的良藥。

《無敵談判》通過大量淺顯易懂的例子，運用通俗的語言，深度剖析了談判，揭示了談判的規律，全面講解了談判技巧，並針對不同談判物件，制定了專門的談判方案，讓你在談判中實現你所想要的一切，而讓對方也感覺到與你合作是最佳選擇，這就是會談判的雙贏效應，《無敵談判》也是每一個渴望成功者必學的課程。

絕對執行力 *Execution Power*

為什麼無數人擁有偉大的構想，但只有少數懂得執行的人才能成功？

為什麼無數企業擁有偉大的戰略，但只有少數懂得執行的企業才能成功？

絕對成交 *Master The Art Of Closing*

《絕對成交》這門在國際間廣泛被各行業中月收入超過25萬美金以上的銷售冠軍級總裁以及五百強企業所學習用的課程，甚至讓你在課程把學費賺回來。

現在已經被創富教育國際機構取得了它的華文版本的著作權保護及認證，並已在全亞洲迅速傳播中。

杜云安 /老師

美國《MSI系統》亞洲區授證講師
美國《TSE團隊執行系統》權威
香港創富夢工場集團副總裁

創富教育多媒體課程

什麼是多媒體訓練？

多媒體(Multimedia)是多種媒體的綜合，一般包括文本，聲音和圖像等多種媒體形式。
在教學系統中，以多媒體的訓練方式更容易使學員印象深刻，提高學習效率。
其中使用了圖片、照片、聲音、電影等動態方式更能加強訓練效果及提高學習樂趣。

多媒體教學和傳統講座的對比

多媒體教學		傳統講座
1、視覺性 多媒體課程能化抽象為具體，化呆板為生動，突破視覺限制，重複強化教學要點。	**2、高效性** 多媒體課程能提供圖片、文字、聲音、電影、甚至遊戲，可以給學生留下深刻印象。	1、講授內容受到時空限制，　受限於名師無法複製。 2、不能用電影傳遞效果，　　無法加強重點印象。 3、不能重複播放教學內容，　一旦錯過將會遺漏重點。 4、受限於人員太多，　　　無法針對各成員單獨輔導。
3、動態性 可以化靜為動，能利用動態教學方式，且分組演練討論來突破傳統教學中單調枯燥的教學過程。	**4、互動性** 多媒體課程通過互動環節設置，使學生有更多的上台分享機會，使學習更為主動。	

國家圖書館出版品預行編目資料

成交是設計出來的 / 朱志華 著. -- 初版. -- 新北市：
創見文化出版, 采舍國際有限公司發行, 2015.11
面；公分
ISBN 978-986-271-637-3（平裝）

1.銷售　2.銷售員　3.職場成功法

496.5　　　　　　　　　　　　　104017792

成功良品 85

成交是設計出來的

本書採減碳印製流程
並使用優質中性紙
（Acid & Alkali Free）
最符環保需求。

出版者 / 創見文化
作者 / 朱志華
總編輯 / 歐綾纖
主編 / 蔡靜怡　　　　　　　　美術設計 / 蔡億盈

郵撥帳號 / 50017206 采舍國際有限公司（郵撥購買，請另付一成郵資）
台灣出版中心 / 新北市中和區中山路2段366巷10號10樓
電話 / （02）2248-7896　　　　　傳真 / （02）2248-7758
ISBN / 978-986-271-637-3
出版日期 / 2015年12月

全球華文市場總代理 / 采舍國際有限公司
地址 / 新北市中和區中山路2段366巷10號3樓
電話 / （02）8245-8786　　　　　傳真 / （02）8245-8718

全系列書系特約展示門市
新絲路網路書店
地址 / 新北市中和區中山路2段366巷10號10樓
電話 / （02）8245-9896
網址 / www.silkbook.com

創見文化 facebook https://www.facebook.com/successbooks

本書於兩岸之行銷（營銷）活動悉由采舍國際公司圖書行銷部規畫執行。

線上總代理 ■ 全球華文聯合出版平台 www.book4u.com.tw
主題討論區 ■ http://www.silkbook.com/bookclub　　● 新絲路讀書會
紙本書平台 ■ http://www.silkbook.com　　　　　　● 新絲路網路書店
電子書平台 ■ http://www.book4u.com.tw　　　　　● 華文電子書中心

B 華文自資出版平台
www.book4u.com.tw
elsa@mail.book4u.com.tw
iris@mail.book4u.com.tw
全球最大的華文自費出版集團
專業客製化自助出版‧發行通路全國最強！